역사

고대사

선사 시대 사람들의 생활
고조선의 탄생
부여, 옥저, 동예, 삼한
삼국의 건국과 성장
철의 왕국, 가야
삼국의 불교
통일 신라와 발해

고려사

후삼국 시대의 영웅들
호족 시대를 마감한 광종의 개혁
고려의 행정조직
거란을 물리친 서희와 강감찬 장군
이자겸과 묘청의 난
무신 정권과 삼별초 항쟁
공민왕과 신돈의 개혁

조선사

위화도 회군과 왕자의 난
문화를 꽃피운 세종대왕
사육신과 생육신
행정조직, 교육제도, 군사제도
임진왜란과 병자호란
붕당 정치와 탕평책
실학사상과 민중의 저항

근대사

흥선 대원군의 집권
강화도조약과 임오군란
갑신정변과 동학 농민 운동
을사조약에서 정미 7조약까지
독립협회와 러일전쟁
일제강점기의 독립 운동
태평양 전쟁과 일제의 패망

독립운동사

일제에 맞선 안중근과 민중
3.1 운동과 6.10 만세 운동
봉오동 전투와 청산리 대첩
광주 학생 의거와 윤봉길 의사
독립군의 시련과 항일 무장 투쟁
문화로 펼친 항일 운동
충칭 임시 정부와 광복군

현대사

광복의 기쁨, 분단의 슬픔
제주 4.3 항쟁
민족의 비극 6.25 전쟁
민주주의의 디딤돌, 4.19 혁명
암흑의 군사 독재 정치
6월 민주 항쟁 운동
남북 정상회담

건국사

한민족의 첫 나라, 고조선
삼국의 건국 신화
신화 속 인물, 가야 김수로왕
통일 신라 김춘추와 발해 대조영
후백제 견훤과 후고구려 궁예
고려 왕건과 조선 이성계
대한민국이 세워지기까지

전쟁사

고조선을 무너뜨린 왕검성 전투
수 · 당의 침입과 나당 전쟁
거란과 몽골의 고려 침입
고려를 괴롭힌 왜구
임진왜란과 병자호란
병인양요와 신미양요
한반도를 갈라놓은 6.25 전쟁

해양사

고조선 시대의 해상 활동
삼국 시대의 바다는?
국제 무역항, 벽란도
우산국과 탐라국의 역사
바다를 잃어버린 고려
바다에서 일본을 정벌하다
서양의 통상 요구와 쇄국 정책

문물교류사

일본에 전래된 백제 문화
발해와 고려의 대외 교류
세계로 눈을 돌린 혜초
주자학의 수용
동남아시아 국가와의 교류
주자학과 서학의 수용
서유견문과 하멜의 조선 표류기

사회 · 지리

섬과 바다

삼면이 바다인 우리나라
국토의 막내 울릉도와 독도
동해안 어업 기지
아름다운 다도해 해상국립공원
역사의 아픔을 간직한 강화도
모세의 기적, 무창포 · 진도 · 웅도
섬 전체가 붉은 암석인 홍도

산과 강

한반도의 등뼈, 백두대간
하늘에서 바다를 만난 백두산
금강산, 설악산, 태백산, 한라산
우리나라 강의 특징
오리 머리처럼 물색 푸른 압록강
슬픔을 안고 흐르는 두만강
민족의 젖줄, 한강

동굴과 습지

동굴의 제왕 석회동굴
마그마로 생긴 용암동굴
파도로 만들어진 해식동굴
우리나라 최대의 담수습지
인류 최고의 인공 습지, 논
산지 습지, 대왕산 용늪
자연성이 높은 한강 하구 습지

천연기념물

천연기념물로 지정된 식물들
희귀식물과 천연기념물 자생지
하늘을 누비는 포유동물
사향노루와 산양
맹금류와 산새들
황쏘가리와 열목어
어름치와 꼬치동자개

생태계

민족의 영산, 백두산
섬 전체가 천연기념물인 홍도
울릉도와 독도
야생 동식물의 낙원, 비무장지대
비무장지대 서부전선 생태계
비무장지대 중부전선 생태계
비무장지대 동부전선 생태계

상위 5%로 가는 문화탐구교실 2

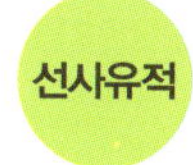

상 위 5% 총 서

상위 5%로 가는 문화탐구교실 2

사회탐구총서 편찬위원회 엮음
대표집필 김용백

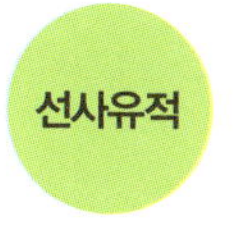

선사유적

중학교 국사
Ⅰ. 선사 시대의 생활
고등학교 국사
Ⅱ. 선사 시대의 문화와 국가의 형성

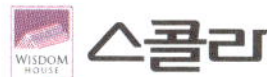
스콜라

우리나라의 역사와 문화, 자연과 지리, 사회탐구 영역을 책임진다

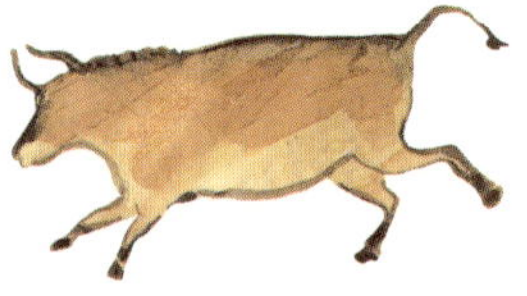

'상위 5% 총서' 중 30권에 해당하는 '사회탐구총서'(이하 '사탐총서') 편은 학습과 교양지식을 함께 전달한다는 취지에 맞추어 준비되었습니다.

사탐총서는 역사, 사회, 문화, 예술 등 각 분야를 연구하거나 교육하는 전문가들이 중심이 되어 기본 방향과 큰 주제를 정하고, 그 틀에 맞는 차례와 내용으로 기획, 편찬되었습니다. 이렇게 3년여에 걸쳐 이뤄진 사탐총서에는 무려 30명 가까운 전문가들이 노고를 아끼지 않으셨습니다.

사탐총서는 특목고, 자사고 등 상위권 고등학교 진학을 목표로 공부하는 초·중학생들이 기본적으로 터득해야 할 우리나라의 역사와 지리, 문화, 자연, 예술 등 사회 탐구 분야를 다룬 국내 최초의 총서입니다.

이 사탐총서는 크게 역사탐구, 사회탐구, 문화탐구 등 세 분야로 나누어 중·고등학교 교과에서 다루는 전반적인 지식학습을 모두 담는 데 주력했습니다. 그리하여 초등 고학년부터 미리 예습하고, 공부할 수 있도록 구성했습니다.

먼저, 1세트인 '역사탐구' 편에서는 한국사를 시대 흐름대로 살펴보는 통사 6권과 특별한 주제를 가진 주제사 4권 등 모두 10권으로 구성했습니다. 이 가운데 통사는 중·고교 교과서를 바탕으로 시대를 분류했으며, 특별히 독립운동사를 한 권의 책으로 구성했습니다.

건국사, 전쟁사, 해양사, 문물교류사로 이루어진 주제사는 교과서에서 따로 다루지는 않지만 한국사를 이해하는 데 꼭 필요한 내용을 일목요연하게 정리했다는 특징이 있습니다.

이러한 분류 기법은 입체적인 역사 학습과 이해에 획기적인 도움을 줄 수 있을 뿐 아니라 단순한 시대적 역사 인식에서 한 걸음 나아가 스스로 비교하고 깨우치는 '생각하는 역사' 의 길을 제시해 줄 것입니다.

2세트인 '사회탐구' 편에서는 크게 한반도의 자연과 지리, 생활사 등을 다루었습니다. 우리나라의 섬과 바다, 산과 강, 지형과 기후, 교통산업, 생태계 등 주로 암기 과목으로 분류되는 지리 편에 무게를 두어 심도 있게 편찬, 기술했습니다.

마지막으로 3세트인 '문화탐구' 편에서는 우리나라의 가장 중요한 문화재, 유적, 사적, 성과 왕릉을 비롯해 문학, 미술, 공예, 음악, 사상까지 두루 다루어 청소년들이 학습은 물론 지식교양까지 터득하는 폭넓은 지식총서로서의 역할을 할 수 있게 했습니다.

사탐총서의 편찬위원들은 우리 청소년들이 대한민국의 역사와 문화, 사상을 가장 먼저, 확실하게 터득해 진정한 상위 5%가 되기를 바랍니다. '상위 5% 사탐총서' 는 바로 이런 목적에 맞춰 오랜 시간을 준비하고, 다듬어 선보이게 된 것입니다.

부디 이 시리즈를 통해 광범위한 지식과 교양을 터득하고 나라와 겨레를 사랑하는 훌륭한 인물이 되기를 진심으로 바랍니다.

'사회탐구총서 편찬위원' 일동

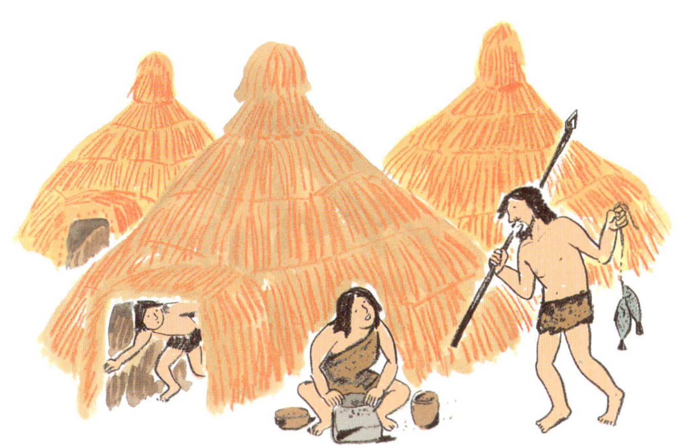

겨레의 문화에 긍지를 갖자!

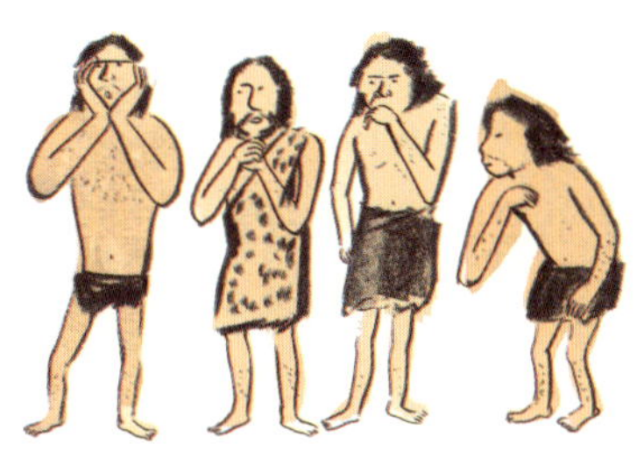

한반도는 5천 년이 넘는 우리 민족의 역사가 살아 숨 쉬는 곳입니다.

비록 수많은 외세의 침략으로 인해 많은 문화재가 없어지고 빼앗겼지만, 끊어지지 않고 이어져 온 겨레의 문화는 오늘날까지 그 자랑스러운 가치를 찬란히 피우고 있습니다.

'상위 5%로 가는 사회탐구총서'의 세 번째 시리즈인 문화탐구교실은 우리 민족이 이룩한 전통문화와, 조상들이 향유했던 예술, 그리고 겨레의 사상 등 세 가지를 익히는 데 목표를 두었습니다.

그리하여 첫 번째로 '전통문화' 분야를 다루었는데, 1권에서는 세계에 자랑할 만한 우리나라의 세계문화유산과 국보, 보물, 중요 민속자료 등 문화재에 관해 살펴보았습니다. 이어서 2권에서는 선사 및 청동기 시대의 유적을 살펴보고, 거기에 담긴 풍습과 생활 양식을 탐구했습니다. 3, 4, 5권에서는 5천 년 역사가 숨 쉬는 사적지와 우리 한반도에 세워졌던 나라들의 성과 고분, 도읍과 궁궐을 소개하고, 시대별 성과 고분의 특징, 도읍지의 모습과 궁궐의 특성 등에 대해 알기 쉽게 정리했습니다.

두 번째로 우리 조상들이 향유했던 '문화 예술'을 6, 7, 8 ,9권에 담았습니다. 문학 편에서는 고려 시대 문학에서 광복 후 전쟁문학에 이르기까지 시대별 기록 문학의 특징을 살펴보았고, 그림과 글씨에서는 벽화에서 불화, 풍속화에서 서예에 이르기까지 시대별 장르별 특징을 망라했습니다. 조각과 공예에서도 선사 시대 토기에서 이조백자, 불상에서 장승에 이르기까지 다양한 공예 유산을 살펴보았습니다. 음악과 춤에서는 우리나라의 악기와 궁중 무용, 민속 무용, 가면무 등 조상들이 향유해 왔던 가락과 풍류에 대해 살펴보았습니다.

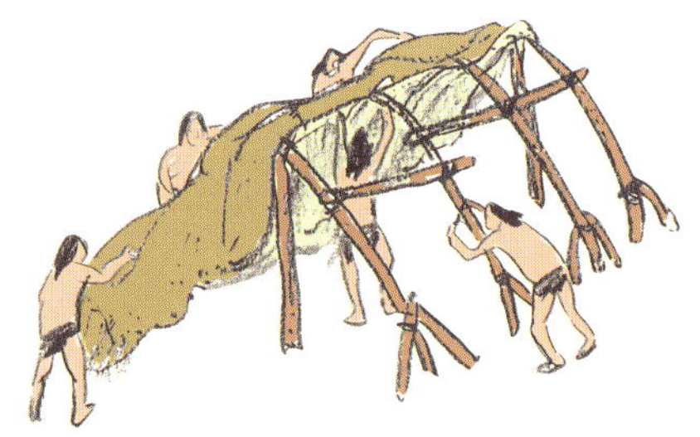

　마지막 세 번째로는 우리 조상들의 신앙, 삶의 윤리, 사회 철학을 '전통 사상' 편으로 소개했습니다. 그리하여 단군의 홍익사상에서 불교, 유교 등 우리 조상들이 국가를 운영하고 생활의 규범으로 삼았던 사상과 철학을 일목요연하게 정리하여 이해에 도움이 되도록 했습니다.

　역사를 공부하는 이유는 단순히 과거의 사건을 배우고 기억하는 것에 있는 것이 아니라, 오랜 시간에 걸쳐 구축된 사상과 풍습을 같이 향유하고 새롭게 발전시켜 나가기 위한 것이라 할 것입니다. 이러한 의미에서 본 시리즈는 우리 조상들의 문화유산에 긍지를 갖고, 보다 포괄적으로 이해할 수 있도록 구성함에 그 특징이 있습니다.

　우리 학생들이 이 문화탐구교실을 통해 문화적 자긍심을 키우기를 기대합니다.

'문화탐구교실 집필위원' 일동

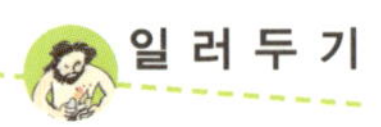

일러 두기

상위5%로 가는 문화탐구교실 안내서

본 시리즈 내에서 각 과목의 내용이 어떻게 구성되어 있는지 보여 준다.

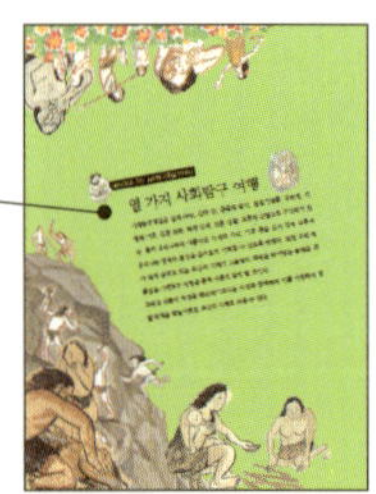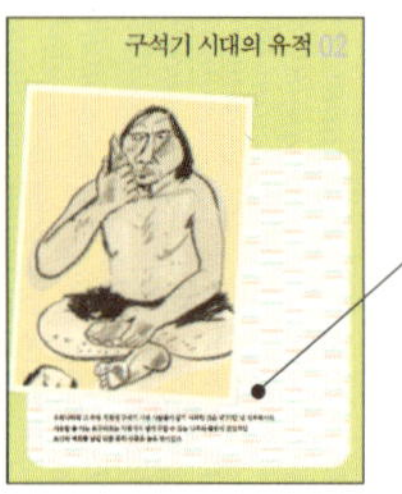

도비라 글

각 장에서 다루는 주제에 대해 미리 생각할 수 있도록 핵심 내용을 간략하게 제시하였다.

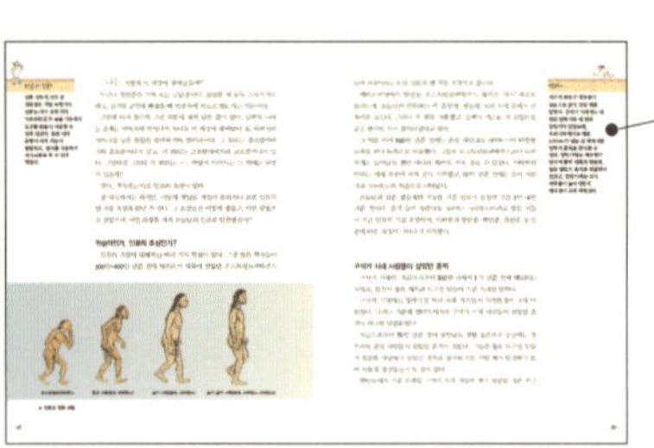

팁

본문에 나오는 어려운 용어, 역사적인 사건 등을 따로 떼어서 쉽고 자세한 설명을 붙여 이해도를 높였다.

그림

학습 내용과 관련된 그림을 제시하여 이해를 도울 뿐 아니라 흥미를 유발하여 학습 동기를 갖게 하였다.

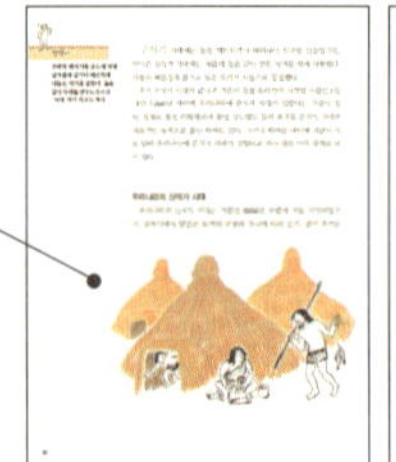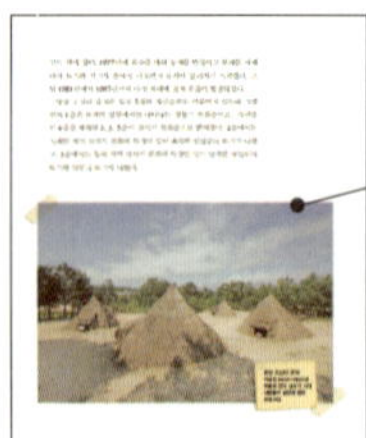

사진

눈으로 보고 확인할 수 있는 다양한 시각 자료를 통하여 본문의 내용을 깊이 있게 이해하도록 도와준다.

쉬는시간 교양충전

본문의 주제와 관련하여 알려지지 않은 흥미로운 이야기를 소개하거나 역사적으로 중요한 사건에 담긴 속뜻을 살펴보았다.

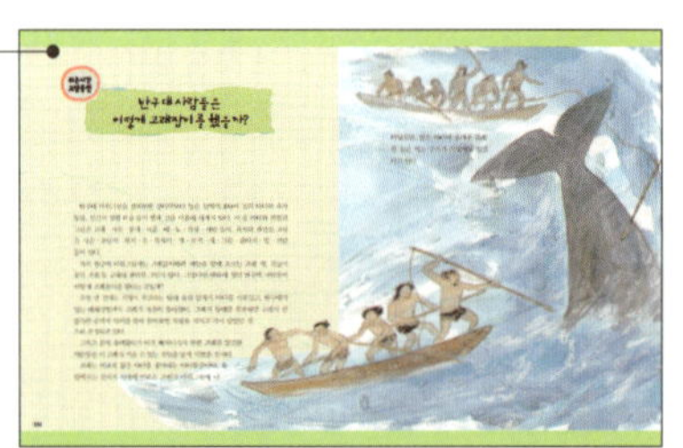

논술로 다시 읽는 선사유적

책에서 다루는 주제들을 3개의 통합 주제로 묶어 글 읽는 방법, 생각하는 방법, 글 쓰는 요령, 토론하는 자세 등 맞춤형 논술을 제시한다.

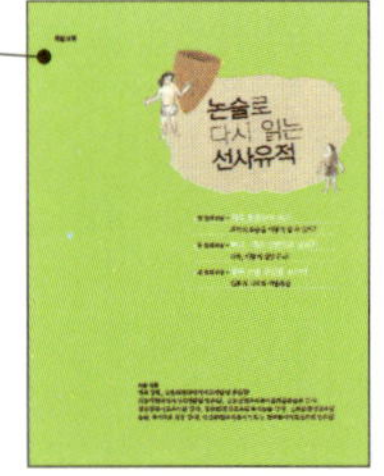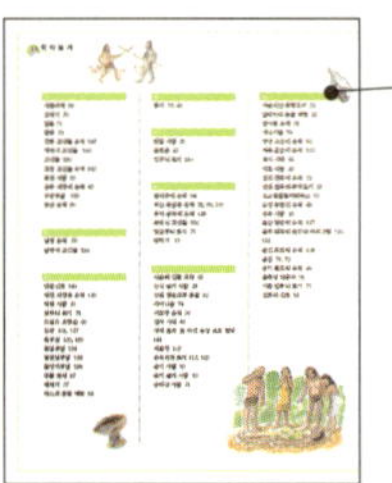

찾아보기

궁금한 주제어를 빨리 찾아볼 수 있도록 해당 주제어가 나오는 페이지를 표시하였다.

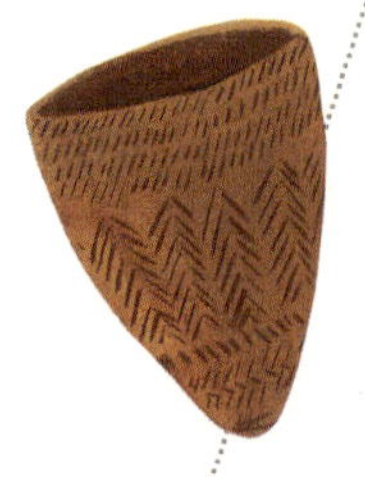

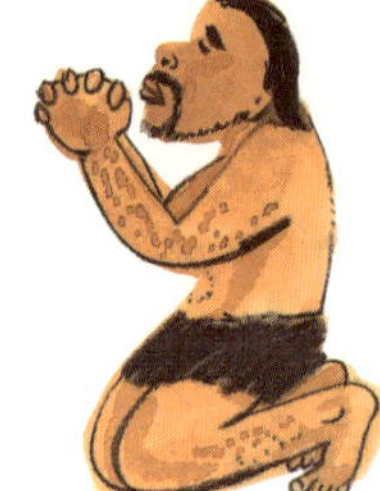

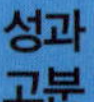

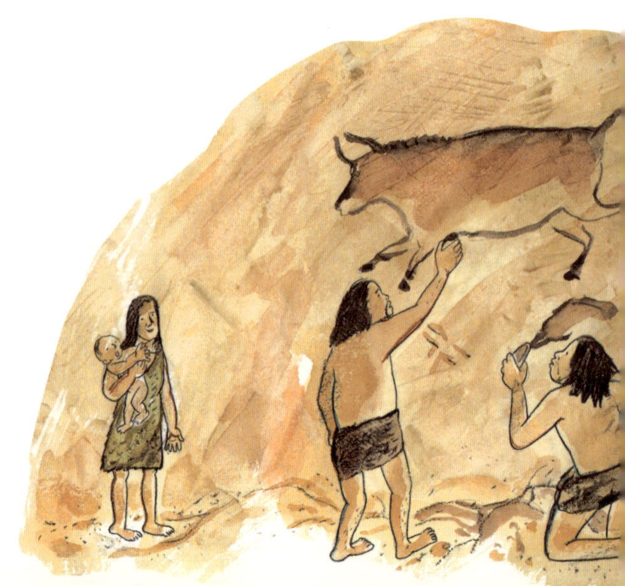

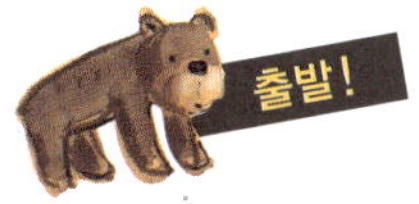

문화재

우리나라 세계문화유산
종묘제례, 판소리, 강릉 단오제
국보와 보물
사적과 명승
중요 민속자료
음악, 무용, 연극 문화재
무예, 음식, 공예기술 문화재

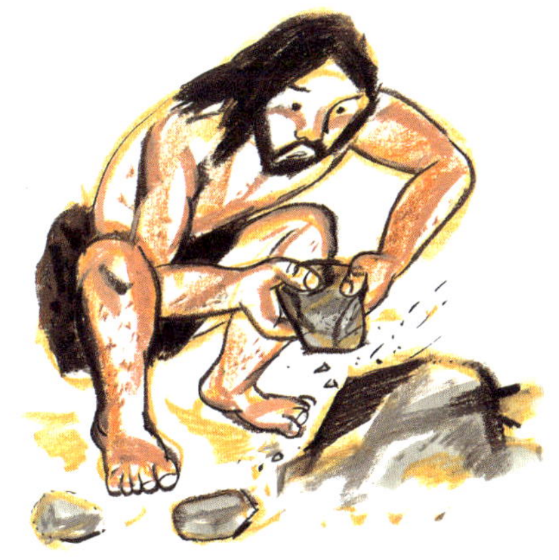

선사유적

우리 민족의 기원
구석기 시대의 생활과 유적
북한의 신석기 시대 유적
신석기 시대의 생활과 유적
선사 시대의 장례 풍습
청동기 시대의 생활과 유적
청동기 시대의 무덤 양식

사적지

건국 신화와 관련된 사적지
외세 침략에 맞서 싸운 곳
종교 사적지
3·1 독립 만세 운동의 현장
근대화에 힘쓴 외국인 사적지
학문과 충절이 깃든 서원
훌륭한 인물이 태어난 곳

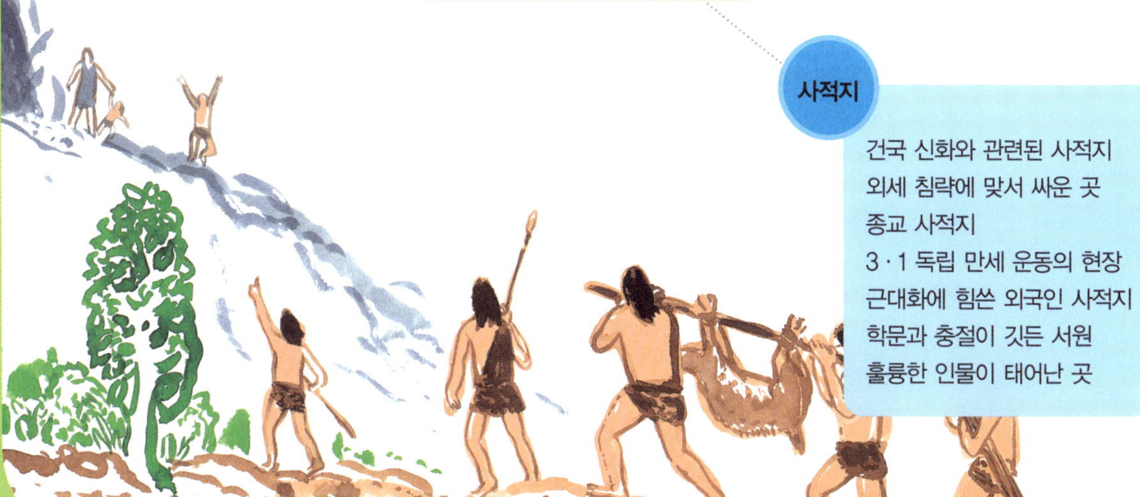

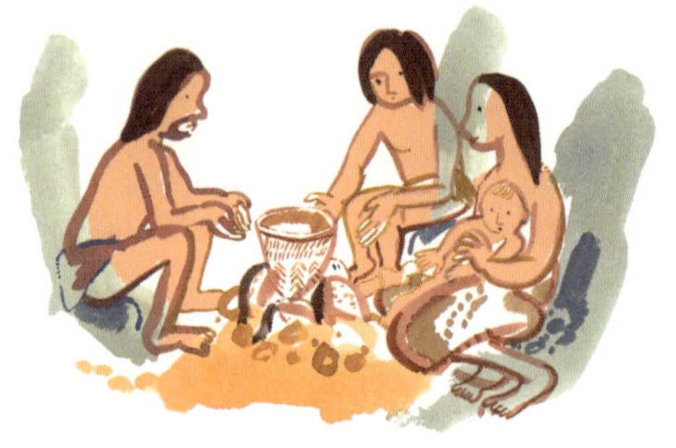

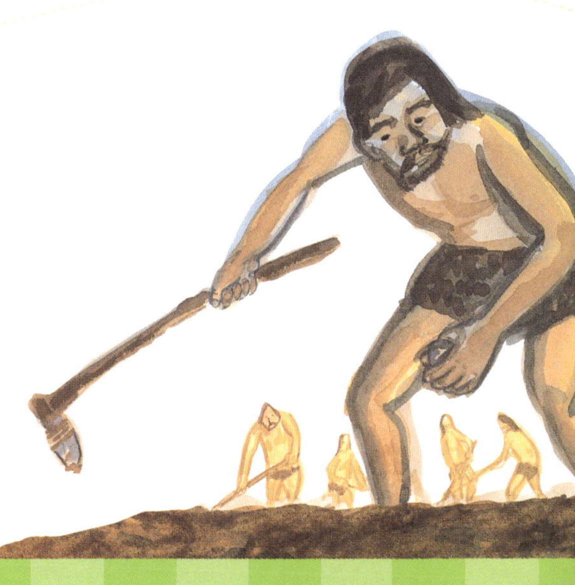

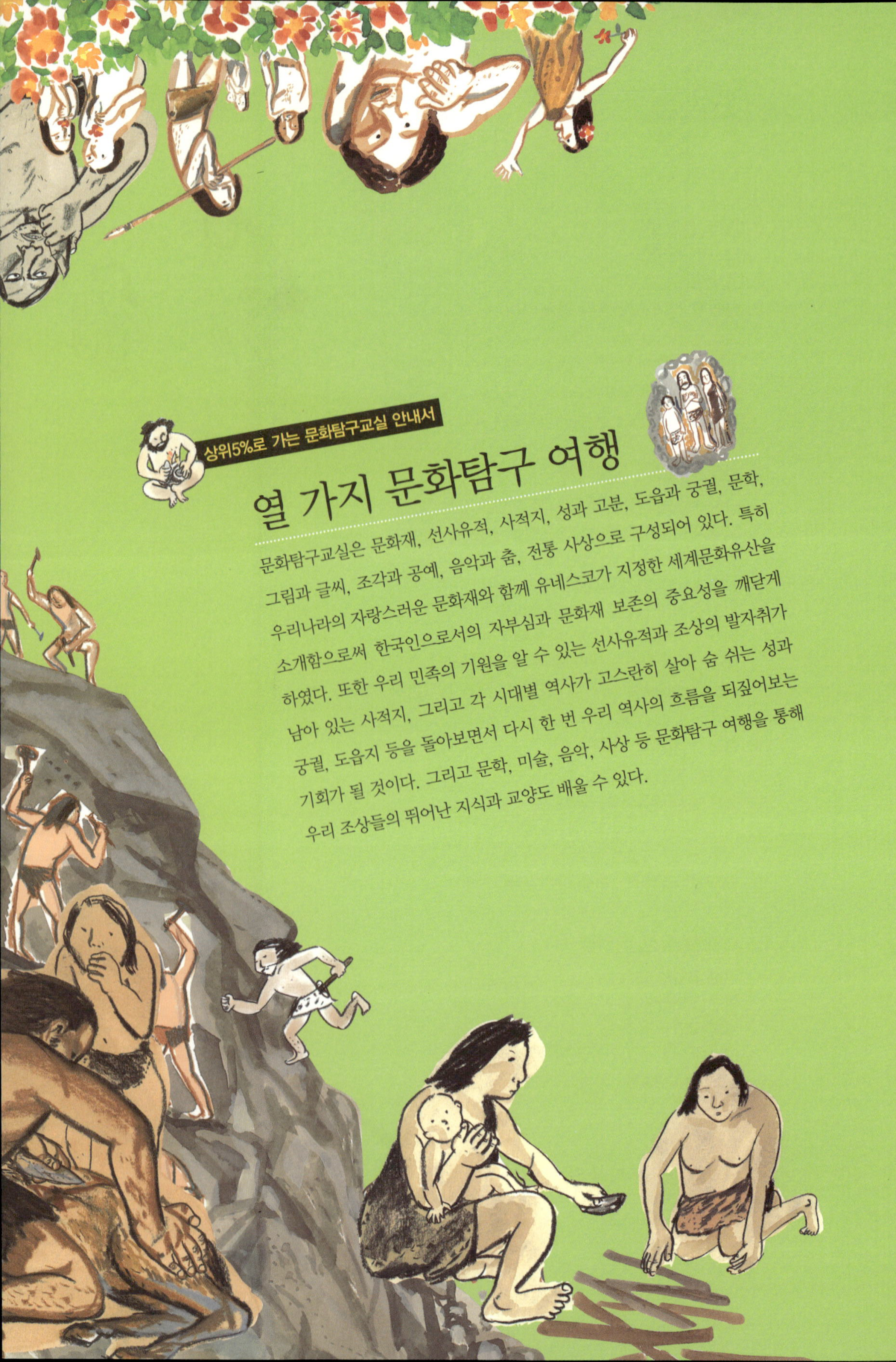

열 가지 문화탐구 여행

문화탐구교실은 문화재, 선사유적, 사적지, 성과 고분, 도읍과 궁궐, 문학, 그림과 글씨, 조각과 공예, 음악과 춤, 전통 사상으로 구성되어 있다. 특히 우리나라의 자랑스러운 문화재와 함께 유네스코가 지정한 세계문화유산을 소개함으로써 한국인으로서의 자부심과 문화재 보존의 중요성을 깨닫게 하였다. 또한 우리 민족의 기원을 알 수 있는 선사유적과 조상의 발자취가 남아 있는 사적지, 그리고 각 시대별 역사가 고스란히 살아 숨 쉬는 성과 궁궐, 도읍지 등을 돌아보면서 다시 한 번 우리 역사의 흐름을 되짚어보는 기회가 될 것이다. 그리고 문학, 미술, 음악, 사상 등 문화탐구 여행을 통해 우리 조상들의 뛰어난 지식과 교양도 배울 수 있다.

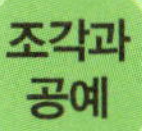
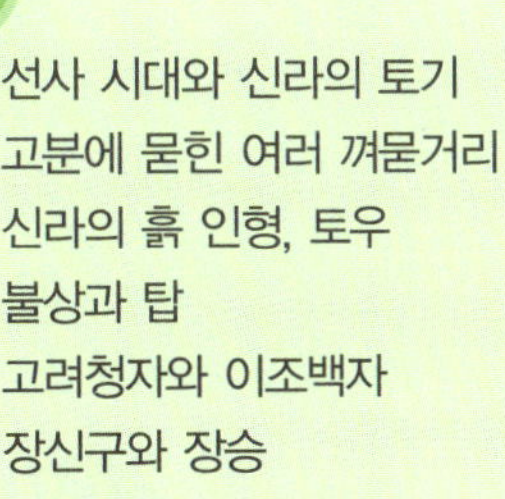
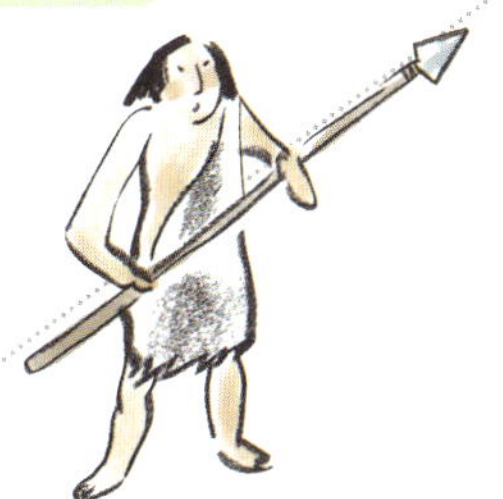
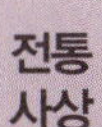
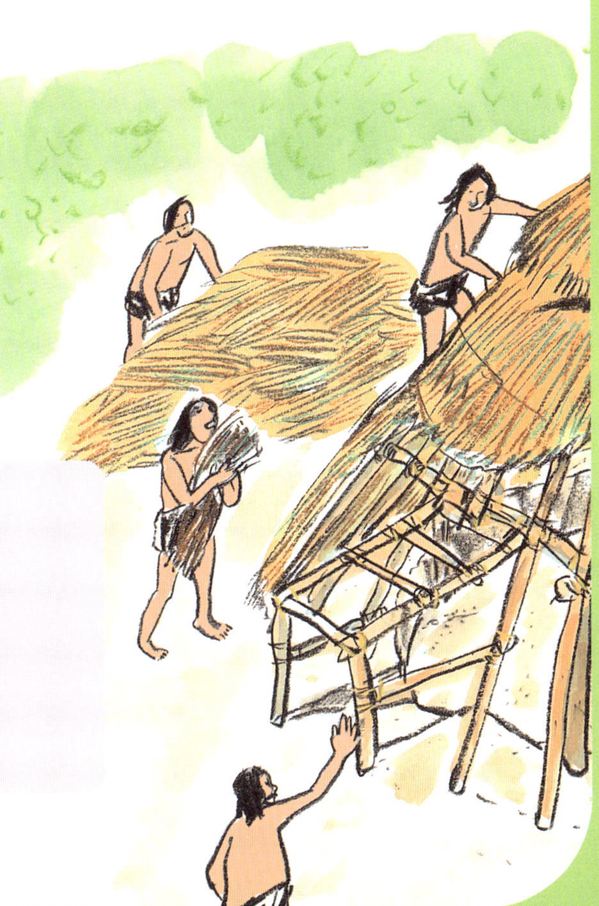

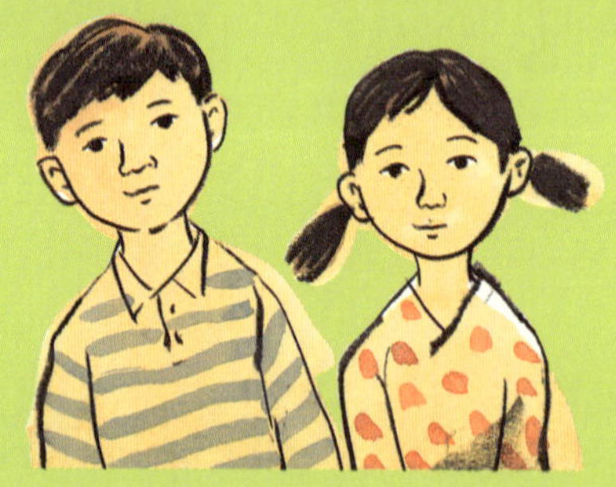

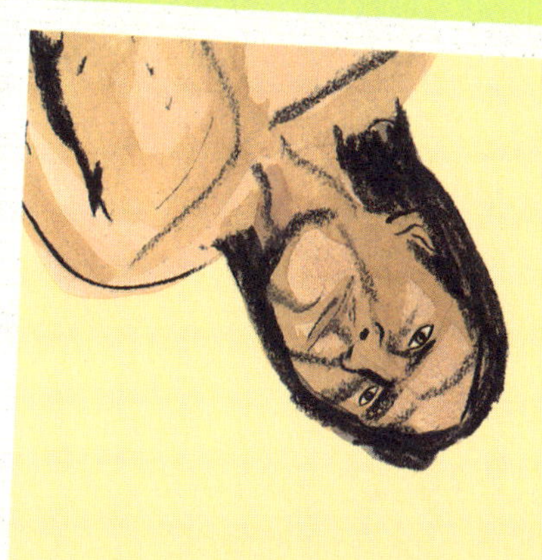
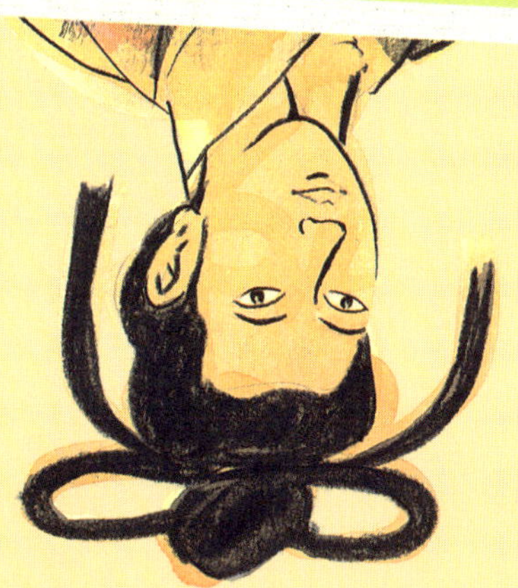
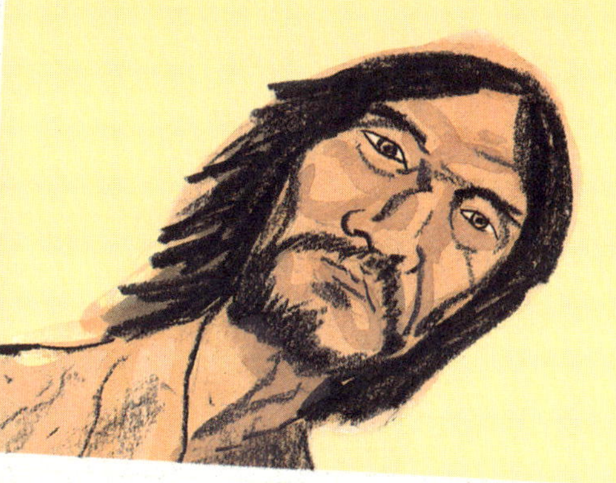
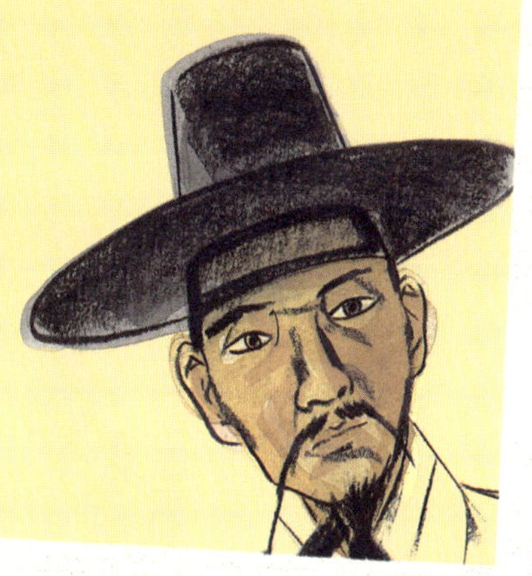

아버지와 어머니, 할아버지와 할머니, 증조할아버지와 증조할머니, 고조할아버지와 고조할머니……
이렇게 한없이 거슬러 올라가다 보면 인류의 조상과 만날 수 있다. 인류의 조상은 어떻게 생겼고,
어떻게 살았을까?

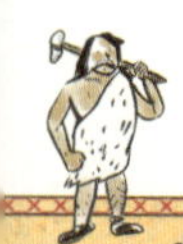

인류 진화의 가장 큰 전환점은 직립 보행이다. 인류는 서서 걷게 되자 자유로워진 두 손을 이용해서 도구를 만들어 사용할 수 있게 되었다. 또한 뇌의 용량이 커져 지능이 발달하고, 언어를 사용하여 의사소통을 할 수 있게 되었다.

'**나는** 어떻게 이 세상에 생겨났을까?'

누구나 한번쯤은 가져 보는 궁금증이다. 심심할 때 문득 스쳐가기도 하고, 심각한 고민에 빠졌을 때 머릿속에 떠오르기도 하는 의문이다.

그런데 따져 볼수록 그런 의문에 대한 답은 끝이 없다. 당연히 나라는 존재는 아버지와 어머니의 자녀로 이 세상에 태어났다. 또 아버지와 어머니를 낳은 분들은 할아버지와 할머니이다. 그 위로는 증조할아버지와 증조할머니가 있고, 더 위로는 고조할아버지와 고조할머니가 있다. 그렇다면 그보다 더 위로는……. 한없이 이어지는 그 위에는 무엇이 있을까?

맞다, 거기에는 바로 인류의 조상이 있다.

좀 아득하기는 하지만, 이렇게 옛날로 거슬러 올라가다 보면 인류의 맨 처음 조상과 만날 수 있다. 그 조상들은 어떻게 생겼고, 어떤 방법으로 살았으며, 어떤 과정을 거쳐 오늘날의 인류로 발전했을까?

원숭이인가, 인류의 조상인가?

인류의 조상에 대해서는 여러 가지 학설이 있다. 그중 많은 학자들이

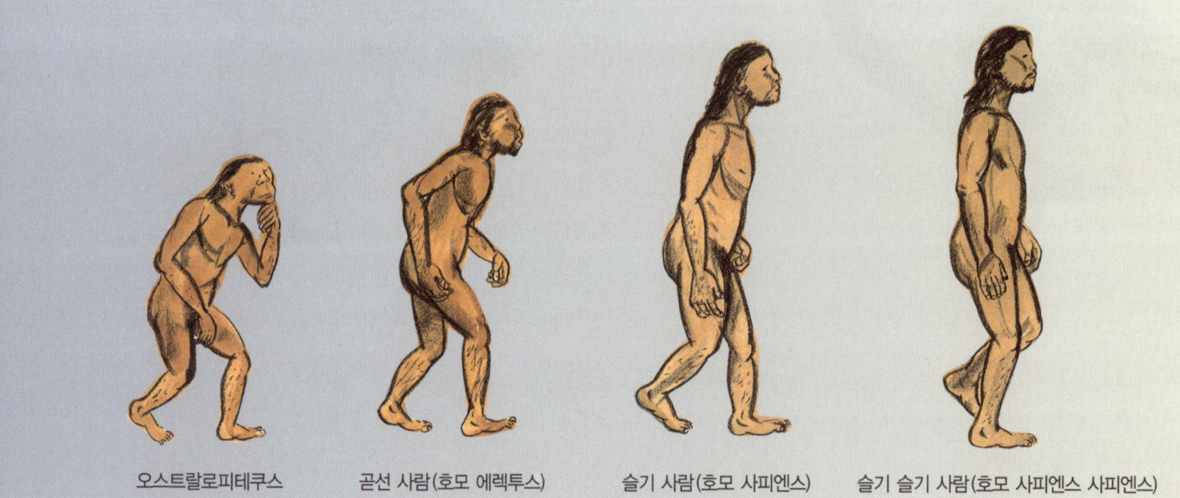

▲ 인류의 진화 과정

300만~400만 년쯤 전에 아프리카 대륙에 살았던 오스트랄로피테쿠스
(남쪽 원숭이라는 뜻)를 인류의 맨 처음 조상으로 꼽는다.

에티오피아에서 발견된 오스트랄로피테쿠스 화석은 '루시'라고도
불리는데, 오늘날의 인류와는 키, 몸무게, 생김새, 뇌의 무게 등에서 큰
차이를 보인다. 그러나 두 팔을 사용했고, 등뼈가 에스(S) 자 모양으로
굽긴 했지만 서서 걸어다녔다고 한다.

그 뒤를 이어 100만 년쯤 전에는 곧선 사람(호모 에렉투스)이 따뜻한
남쪽을 떠나 북쪽으로 이동했다. 그들은 오스트랄로피테쿠스보다 뇌의
무게가 늘어났을 뿐만 아니라 똑바로 서서 걸을 수 있었다. 이때부터
인류는 세계 곳곳에 퍼져 살기 시작했고, 10만 년쯤 전에는 슬기 사람
(호모 사피엔스)의 모습으로 나타났다.

오늘날과 같은 생김새와 지능을 가진 인류가 등장한 것은 3만~4만
년쯤 전이다. 슬기 슬기 사람(호모 사피엔스 사피엔스)이라고 불린 이들
이 지금 인류의 직접 조상이며, 이때부터 황인종, 백인종, 흑인종 등 인
종에 따른 특징이 나타나기 시작했다.

구석기 시대 사람들이 살았던 흔적

구석기 시대란, 지금으로부터 200만 년에서 1만 년쯤 전에 해당되는
시기로, 인간이 돌을 깨뜨려 도구를 만들어 쓰던 시대를 말한다.

구석기 시대에는 빙하기를 여러 차례 거치면서 자연환경이 크게 바
뀌었다. 그러는 가운데 한반도에서도 구석기 시대 사람들이 살았던 흔
적이 하나씩 발견되었다.

지금으로부터 70만 년쯤 전에 평안남도 상원 검은모루 동굴에는 한
무리의 곧선 사람들이 살았던 흔적이 보인다. 그들은 돌로 도구를 만들
어 짐승을 사냥하며 살았던 것으로 짐작되지만, 사람 뼈가 발견되지 않
아 어떻게 생겼었는지 알 길이 없다.

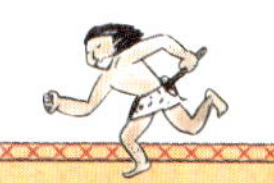

빙하기

지구의 북반구 대부분이
얼음으로 덮여 있던 때를
말한다. 구석기 시대에는
네 번의 빙하기와 세 번의
간빙기가 있었는데,
우리나라에서는 해발
2,000m가 넘는 산 위에서만
빙하의 흔적을 찾아볼 수
있다. 빙하기에는 해수면이
낮아져 중국 대륙과 한반도,
일본 열도가 육지로 연결되어
있었고, 간빙기에는 다시
바닷물이 높아지면서
해안선이 크게 바뀌었다.

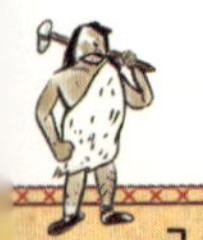

우리나라의 땅은 산성이 강해서 사람을 비롯한 모든 생물이 죽으면 수십 년에서 수백 년 사이에 대부분 썩어 없어진다. 그러나 평안도, 강원도, 충청도 등 몇몇 곳은 알칼리성을 띤 석회암 지대여서 사람이나 짐승의 뼈 일부가 썩지 않는 경우가 있다.

한반도에서 가장 오래된 구석기 시대 사람의 뼈가 발견된 것은 최근의 일이다. 함경북도 화대군 석성리에서 여자와 어린아이 등 세 사람의 뼈가 발견된 것이다. '화대 사람' 이라고 불리는 이들은 30만 년쯤 전에 살았던 것으로 보이며, 이로써 우리나라도 곧선 사람이 맨 처음 나타난 곳의 하나로 눈길을 끌게 되었다.

우리나라에서 사람 뼈 화석에 대한 연구가 시작된 것은 1970년대부터이다. 그 첫 번째 성과는 평양시 역포 구역 대현동 동굴에서 발견한 예닐곱 살짜리 어린아이인 '역포 사람' 과 평안남도 덕천 승리산 동굴 아래층에서 발견한 '덕천 사람' 이다. 이때 발견한 것은 머리뼈 조각과 어금니 정도였는데, 자세한 조사를 통해 이들은 슬기 사람의 특징을 지닌 것으로 확인되었다.

한때 상원 검은모루 동굴과 가까운 용곡 동굴에서 여러 개의 석기와 함께 '용곡 사람' 이라고 불린 사람 뼈가 많이 발견되어 슬기 사람보다 앞선 곧선 사람이 아닌가 해서 관심을 모았다. 그러나 그 뒤에 이들도 슬기 사람인 것으로 정리가 되었다.

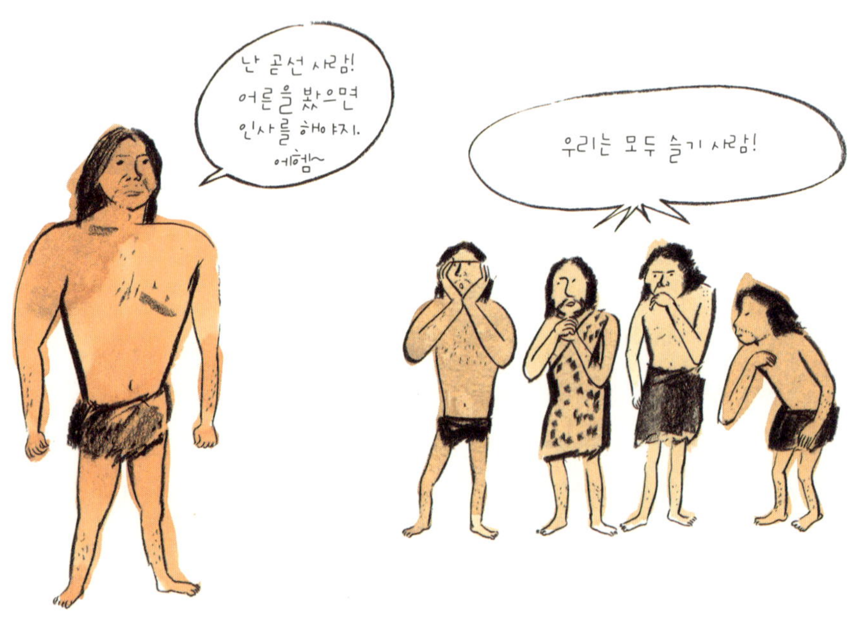

충청북도 단양의 상시 유적에서도 사람 뼈가 발견되었는데, 뼈의 특징으로 보아 슬기 사람이므로 '상시 슬기 사람'이라고 불리게 되었다.

우리 민족의 조상은 과연 누구일까?

우리나라에서 슬기 슬기 사람의 특징을 지닌 사람 뼈는 여러 곳에서 발견되었다. 평안남도 덕천 승리산 동굴 위층에서는 슬기 슬기 사람의 아래턱뼈가 발견되어 이를 '승리산 사람'으로 부르게 되었고, 평양 대현동 만달리 동굴에서는 25~30살쯤 된 남자의 머리뼈와 아래턱뼈가 발견되어 '만달 사람'이란 이름이 붙여졌다.

또 충청북도 청원 두루봉 동굴에서는 4만 년쯤 전에 살았던 한 소년의 뼈가 고스란히 발견되었다. 발견한 사람의 이름을 따서 '흥수 아이'라고 불렀으며, 키가 110~120cm인 다섯 살 정도 된 남자아이로 밝혀졌다. 뒤통수가 튀어나온 이 짱구 소년은 머리뼈가 현대인과 구석기 시대 사람의 특징을 함께 지녔다고 한다.

이제까지의 연구 결과에 따르면 '화대 사람'은 우리나라에 살았던 곧선 사람이고, '역포 사람', '덕천 사람', '용곡 사람', '상시 슬기 사람'은 네안데르탈인과 같은 슬기 사람이며, '승리산 사람', '만달 사람', '흥수 아이'는 크로마뇽인과 같은 슬기 슬기 사람이라고 할 수 있다.

북한에서는 '승리산 사람'과 '만달 사람'이 슬기 슬기 사람의 핏줄이므로 우리 민족의 조상이라고 주장한다. 그러나 구석기 시대에는 사람들이 기후와 환경 변화에 따라 이곳저곳 옮겨 다니며 살았고, 인종에 따른 특징도 확실히 드러나지 않았으며, 증거가 될 만한 사람 뼈 화석도 아주 적어 그들을 우리 민족의 조상이라고 보기는 어렵다.

따라서 신석기 시대에서 청동기 시대를 거치면서 만주와 한반도를 중심으로 한 동북아시아 지역에서 빗살무늬 토기 등 독특한 문화를 이루며 살아온 사람들을 우리 민족의 직접적인 조상이라고 보는 것이다.

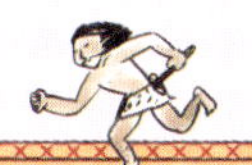

크로마뇽인

1868년에 프랑스의 지질학자 루이 라르테가 프랑스 남부에 있는 크로마뇽의 얕은 동굴에서 발견한 화석 인류이다. 지금으로부터 약 4만 년 전에서 1만 년 전 유럽에서 살았으며, 네안데르탈인과 함께 구석기 시대의 대표적인 선사 인류이다.

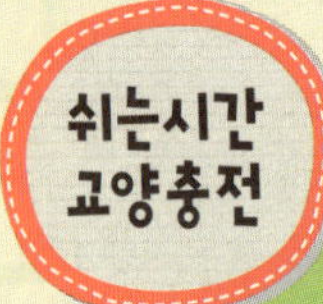

옛날에는 동해가 호수였다?

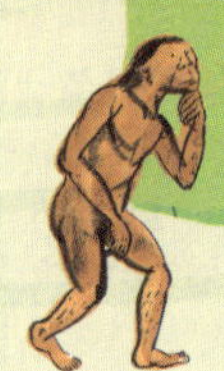

    구석기 시대에는 커다란 자연환경의 변화가 여러 차례 있었다. 특히 네 번의 빙하기가 닥쳤는데, 빙하기와 빙하기 사이에는 기온이 따뜻한 간빙기가 있었다.

    빙하기에는 보스토크 기지의 연평균 기온인 영하 55.4℃보다 약 8℃나 낮을 정도로 매우 추웠다. 그래서 비교적 추위에 견디기 쉬운 큰 짐승들이 주로 살았을 것이다. 하지만 그 짐승들을 잡을 만한 도구는 발달하지 못했기 때문에 수렵보다는 주로 채집을 했으리라 추측된다.

    구석기 시대의 지형을 보면 바닷물이 얕아서 중국, 우리나라, 일본이 하나의 육지로 연결되어 있었다. 그래서 그때는 동해도 육지로 둘러싸인 호수였고, 서해의 대륙붕도 모두 육지였다.

    특히 서해안은 중국 동해안과 저지대로 연결되어 초원과 밀림으로 덮여 있었고, 일본열도는 사할린과 함께 시베리아 대륙에 연결되어 있었다.

    이 시기에도 한반도와 일본 사이에는 해협이 있었고, 한반도 동쪽에는 동해가 여전히 위치하고 있었다. 또 한 가지 특이한 점은 이 시기에 발해는 하북성 일대 평야를 포함하여 빙하 호수로 변해 있었다는 점이다.

    그러다가 네 번째 빙하기가 끝나고 기온이 올라가면서 바닷물이 불어나 육지가 줄어들기 시작했다. 이에 따라 한반도와 중국 사이에는 서해가 생기고, 일본과도 바다를 사이에 두고 떨어지게 되는 등 점점 오늘날과 비슷한 지형으로 변해 갔다.

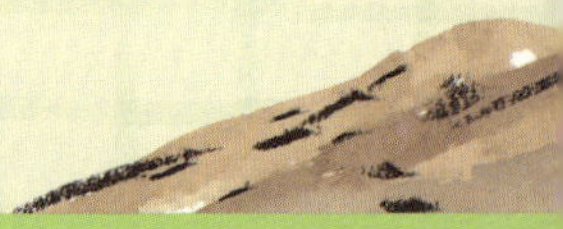

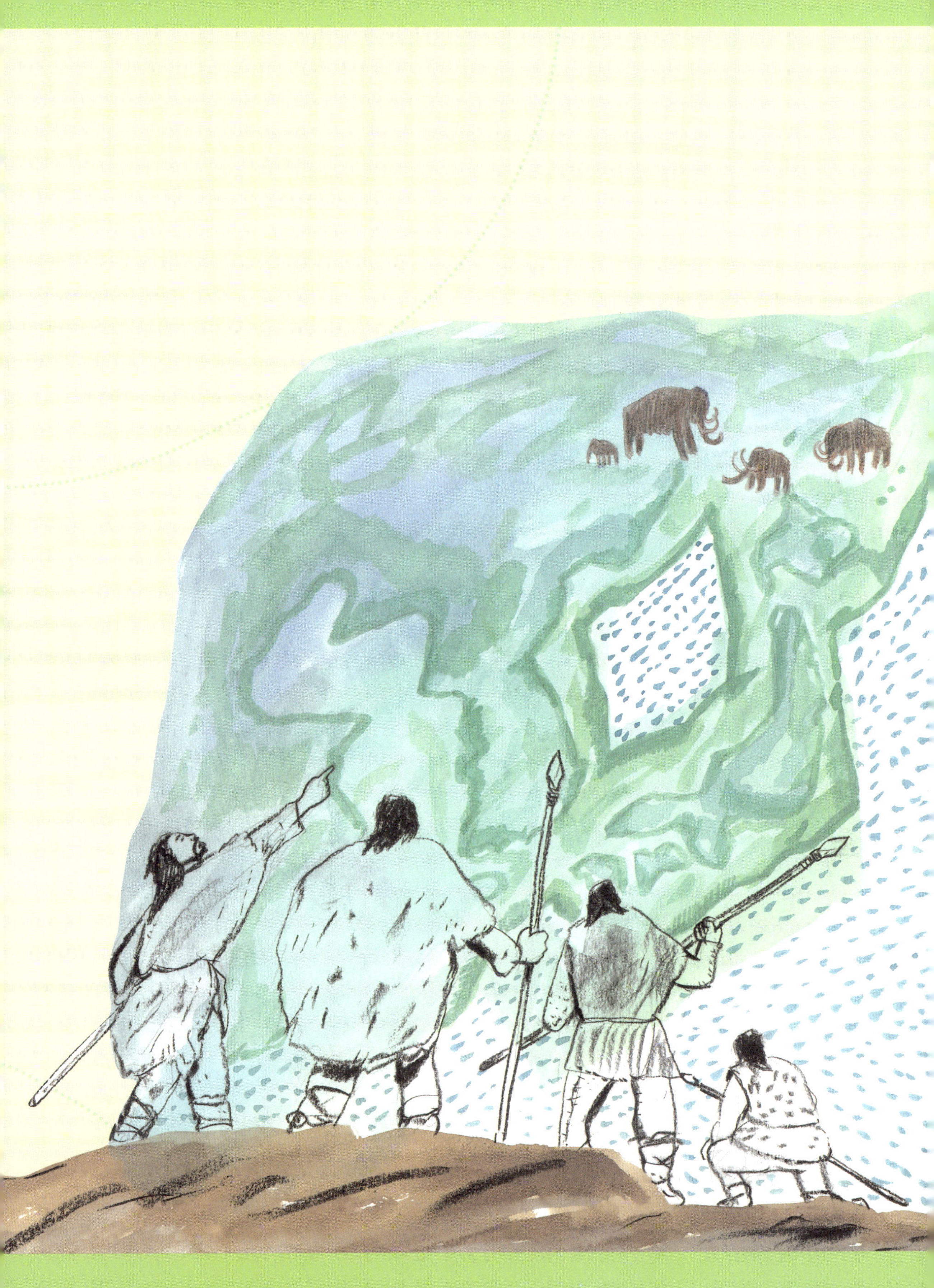

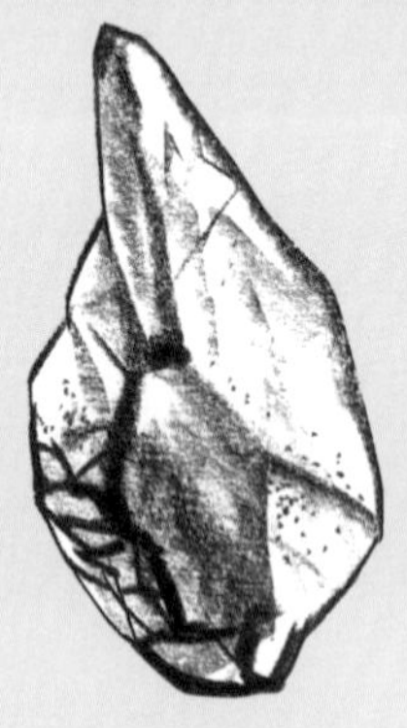

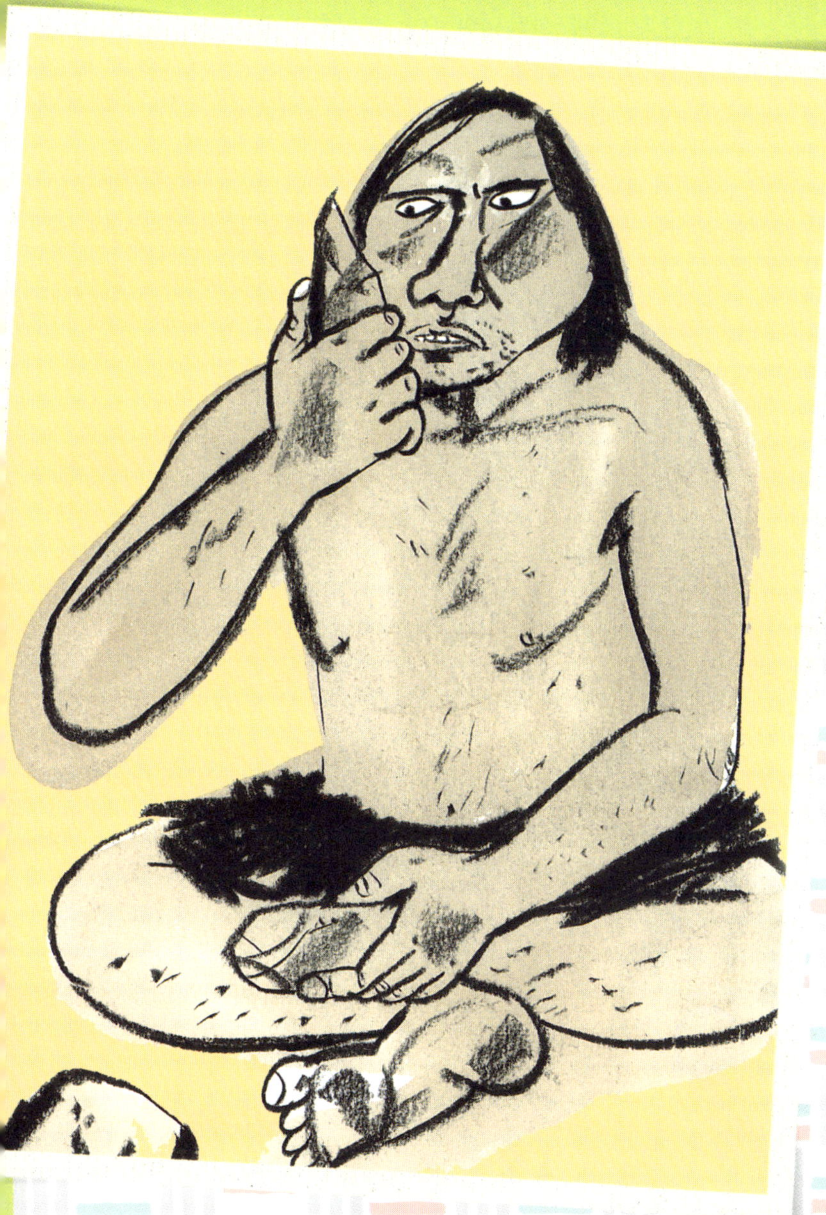

우리나라와 그 주변 지역에 구석기 시대 사람들이 살기 시작한 것은 약 70만 년 전부터이다.
사용할 줄 아는 도구라고는 자연에서 쉽게 구할 수 있는 나무와 돌밖에 없었지만
조각과 벽화를 남길 만큼 문화 수준은 높은 편이었다.

알타미라 동굴벽화는 에스파냐에 있는 후기 구석기 시대 동굴 유적이다. 1879년, 고고학자이던 마르셀리노 산즈 데 사우투올라가 딸과 함께 동굴 조사를 하면서 발견했는데 당시에는 진위 여부를 두고 시끄러웠지만 얼마 후에 다른 선사 시대 그림이 발견되면서 진가를 인정받았다.
매머드 · 토나카이 · 들소 · 사슴 등이 동굴 천장에 그려져 있는데, 색채가 아름답고 입체감이 뛰어난 그림이다. 이 벽화를 통해 당시의 사냥 방법이나 무기, 신앙 등을 알 수 있다.

구석기 시대는 돌을 깨뜨리거나 때려내서 도구를 만들어 쓰던 시대로 인류 역사에서 가장 오래된 옛날이라고 보면 된다. 우리나라의 구석기 시대는 약 70만 년 전에 시작되었으며, 석기를 다듬은 정도에 따라 다시 전기, 중기, 후기로 나뉜다.

구석기 시대 사람들은 처음에는 나뭇가지처럼 손쉽게 구할 수 있는 재료로 도구를 만들었다. 그러다가 차차 날카로우면서 쉽게 부서지지 않는 뗀석기와, 짐승의 뼈나 뿔로 만든 도구를 사용하게 되었다. 사냥 도구로는 주먹도끼, 찍개, 찌르개를 만들었고, 사냥한 짐승의 가죽을 벗기고 고기를 자르는 데는 긁개, 밀개, 자르개 같은 도구를 만들어 썼다. 또 돌망치, 새기개, 뚜르개 같은 연장도 만들어 썼다.

구석기 시대 사람들은 무리를 지어 살았고, 불을 쓸 줄 알았으며, 짐승과 물고기를 잡고, 식물을 모아 먹을거리를 마련했다. 또 추위를 막고 몸도 보호하려고 짐승 가죽으로 옷을 지어 입었으며, 동굴이나 강가에 움집을 짓고 살았다.

구석기 시대에도 사람이 죽으면 시신을 땅에 묻고 이를 슬퍼했다. 그리고 먹을거리가 더 많이 생기기를 빌면서 조각품을 만들거나 동굴에 벽화를 그렸다. 우리나라에서는 동굴 벽화가 발견되지 않았지만, 에스파냐의 알타미라 동굴 벽화와 프랑스의 라스코 동굴 벽화 등은 구석기 시대의 생활 모습을 짐작하게 하는 중요한 유적들이다.

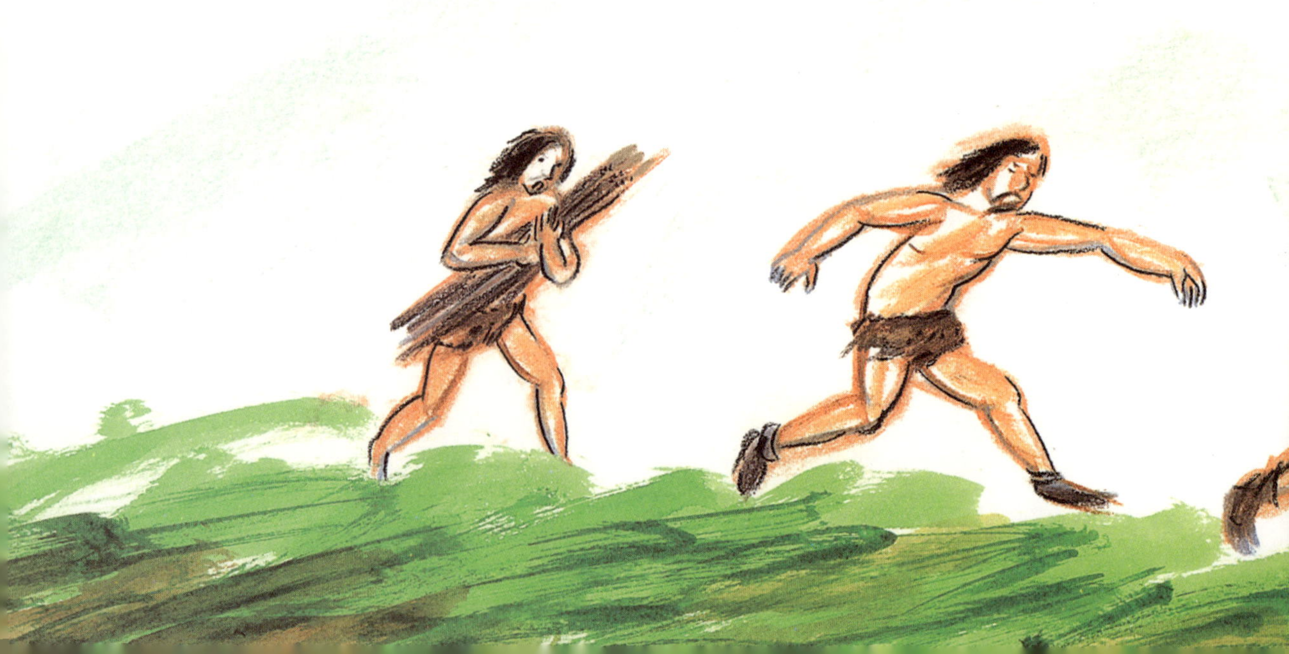

구석기 시대에 사용한 도구

우리나라의 구석기 시대 사람들은 주로 뗀석기와 뼈도구를 이용하여 사냥을 하고 나무 열매를 따 모으거나 식물의 뿌리를 캐어 먹으면서 살았다.

뗀석기는 돌을 때려서 떼어 낸 석기이다. 그래서 '타제 석기'라고도 한다. 뗀석기는 구석기 시대뿐만 아니라 신석기 시대와 청동기 시대까지도 널리 쓰였다.

구석기 시대 사람들이 처음으로 만든 석기는 큼직한 자갈돌을 한쪽 면만 때려낸 외날찍개였다. 이러한 석기는 70만 년쯤 전의 유적으로 알려진 상원 검은모루 동굴에서 맨 먼저 발견되었다. 그리고 충청북도 단양 금굴, 충청남도 공주 석장리 유적에서도 발견되었다. 구석기 시대 사람들이 점점 지혜로워지면서 외날찍개가 발달하여 양쪽 면을 모두 떼어 낸 양날찍개도 만들어졌다.

찍개에 뒤이어 나타난 대표적인 석기가 주먹도끼이다. 주먹도끼는 돌의 양쪽 면을 날카롭게 만든 도구로, 짐승을 사냥할 때도 썼고 사냥한 짐승의 털과 가죽을 벗기고 고기를 저미는 데도 썼다. 또 땅을 파고 풀

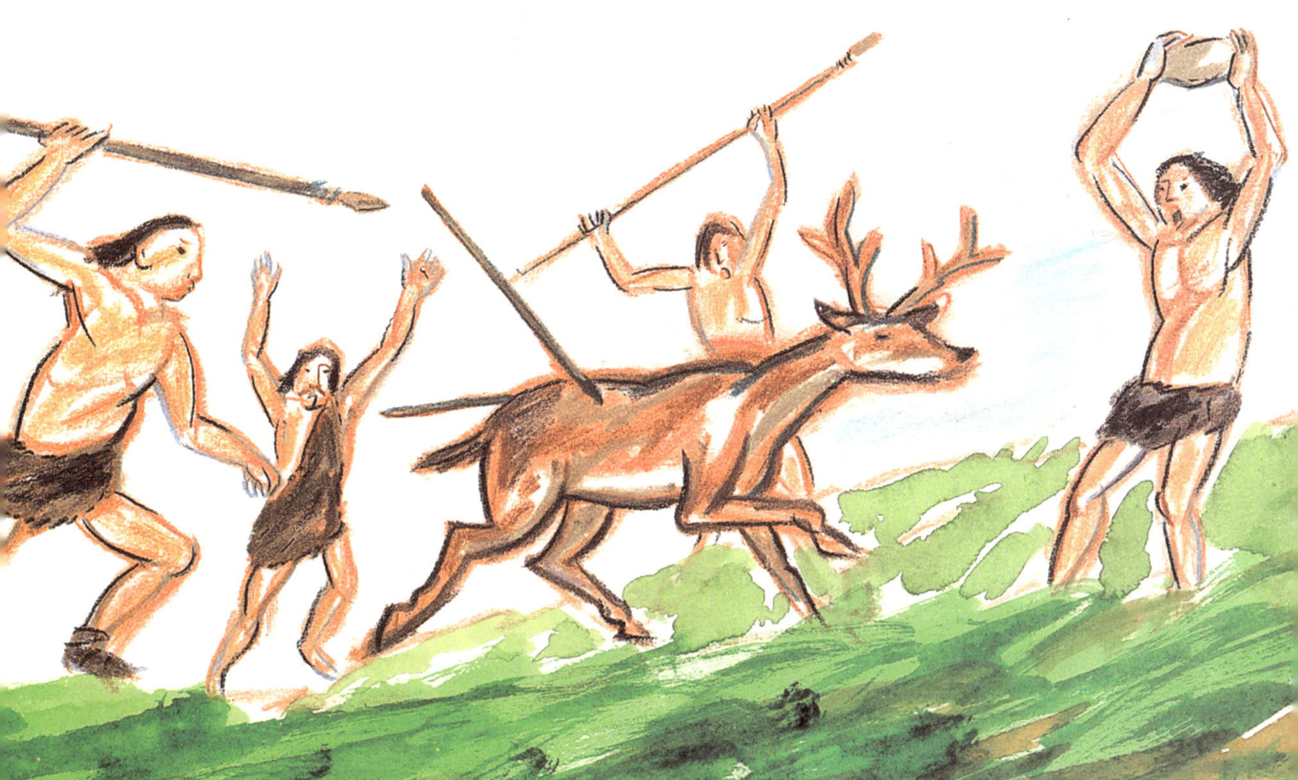

뿌리 등을 캐내는 데도 두루 썼다. 한마디로 주먹도끼는 구석기 시대의 맥가이버 칼, 즉 만능 석기였다. 경기도 연천 전곡리에서 나온 주먹도끼는 30만 년쯤 된 것으로 주먹도끼의 생김새를 잘 보여 준다.

돌로 도구를 만드는 기술은 구석기 시대 내내 발전했다. 그 방법도 돌을 망치돌로 직접 때려내는 방식에서 모룻돌을 이용하는 방식으로 바뀌었다. 또한 커다란 몸돌에서 여러 개의 격지(돌 조각)를 때려낸 뒤, 격지를 잘 손질하여 정교한 석기를 만드는 방법도 널리 퍼졌다. 이러한 기술로 찌르개, 긁개 등의 석기가 만들어졌다.

격지를 때려내는 방법도 점점 새로워졌다. 나무나 사슴뿔로 만든 망치로 격지를 더 얇고 길게 때려내는 간접떼기 방식이 등장했다. 이렇게 만들어진 석기는 보다 날카롭고 세밀했는데, 밀개 · 새기개 · 뚜르개 따위가 그렇게 만들어졌다.

후기 구석기 시대에는 뗀석기를 만드는 최고 기술이라 할 만한 눌러떼기가 등장했다. 이 기술로 면도도 할 수 있을 만큼 세밀한 잔석기(작은 석기)가 만들어졌다. 그 뒤로 창끝과 화살촉 같은 잔석기가 많이 만들어지고, 돌날몸돌과 밀개 등도 만들어졌다. 이 눌러떼기는 돌을 갈아서 석기를 만들기 전까지 가장 발달된 기술이었다.

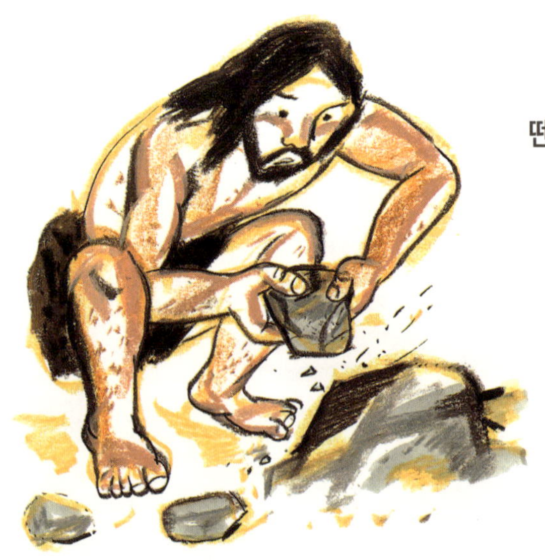

뗀석기는 어떻게 만들까?

① 모루떼기 : 두 손으로 돌을 쥐고 땅 위에 있는 큰 돌(모루)에 내려쳐 때려내는 단순한 방법이다. 이때 생긴 돌 조각이나 돌 조각이 떨어져 나간 몸돌을 그대로 쓴다.

② 직접떼기 : 한 손에는 돌을 쥐고 다른 손에는 망치돌을 쥔 다음 힘껏 내려쳐서 때려내는 방법이다. 망치돌 대신 짐승의 뼈나 뿔을 사

용하기도 한다.

③ 간접떼기 : 돌을 직접 때리지 않고 짐승의 뼈나 뿔을 이용해서 때려
내는 방법이다. 직접떼기에서 한 걸음 발전한 방법으로 보다 세밀한 석기
를 만들 수 있다.

④ 눌러떼기 : 작고 날카로운 도구로 돌의 한 부분에 계속 힘을 가해 아
주 작은 격지를 원하는 모양대로 때려내는 방법이다. 작은 석기에 잔손질
을 세밀하게 할 수 있는 가장 발달된 기술이다.

뗀석기의 종류와 쓰임새

① 주먹도끼 : 주먹에 쥐고 쓸 수 있는 도끼 모양으로 생겼다. 땅을 파
거나 사냥할 때, 짐승의 가죽을 벗기고 고기를 저밀 때 두루 썼다.

② 찍개 : 자갈돌의 한쪽 면이나 양쪽 면을 모두 때려내어 만들었다.
나무를 자르거나 사냥할 때 썼다.

③ 찌르개 : 돌 조각의 양쪽 끝 부분을 다듬어 뾰족하게 만들었다. 자
루를 달아 창 같은 무기로 만들어 썼다.

④ 긁개 : 돌 조각을 잔손질하여 날을 세워 만들었다. 사냥한 짐승의
가죽을 벗기고, 고기를 손질하는 데 썼다.

⑤ 밀개 : 긁개에 쓰인 것보다 더 길고 가는 돌 조각으로 만들었다. 끝
부분에 좌우 대칭으로 날이 있어 나무껍질 따위를 벗기는 데 썼다.

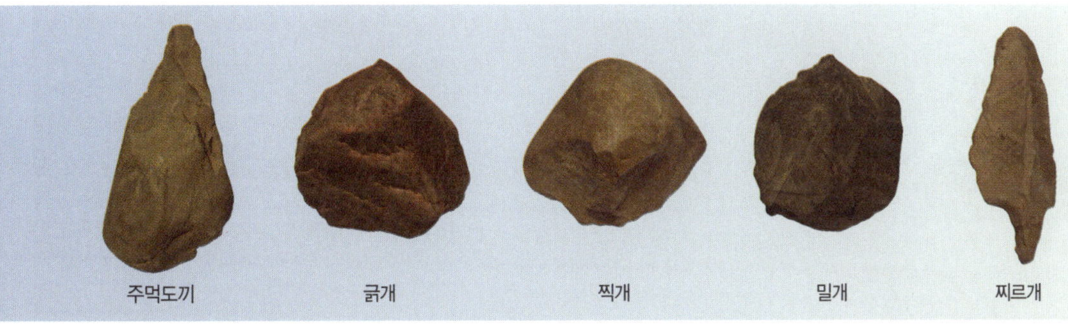

▲ 구석기 시대 뗀석기

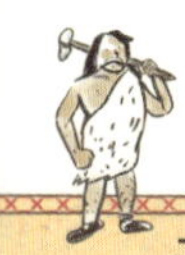

구석기 시대에는 어머니 핏줄을 중심으로 자손들이 모여 살았다. 이들은 힘을 모아 사냥하고 같이 식물을 채집하면서 먹을거리가 생기면 나누어 먹었다. 충남 공주 석장리에서 발굴된 구석기 시대의 움집을 보면 한 집에서 8~10명의 대가족이 함께 생활했던 것으로 보인다.

⑥ 새기개 : 돌 조각이나 돌날의 가장자리를 잔손질하여 날카로운 조각칼처럼 만들었다. 무늬 따위를 새기거나 나무에 홈을 넣는 데 썼다.

⑦ 뚜르개 : 구멍을 뚫거나 가죽으로 옷을 지을 때 송곳처럼 썼다.

구석기 시대 사람들의 생활

구석기 시대 사람들은 자연에서 의식주를 모두 해결했다. 그들은 비바람과 추위, 사나운 짐승을 피하기 위해 대부분 동굴에서 살았다. 우리나라에서 가장 오래된 구석기 시대 유적인 상원 검은모루 동굴을 비롯하여 덕천 승리산 동굴, 평양 만달리 동굴, 제천 점말 동굴, 청원 두루봉 동굴 등이 대표적인 동굴 유적이다.

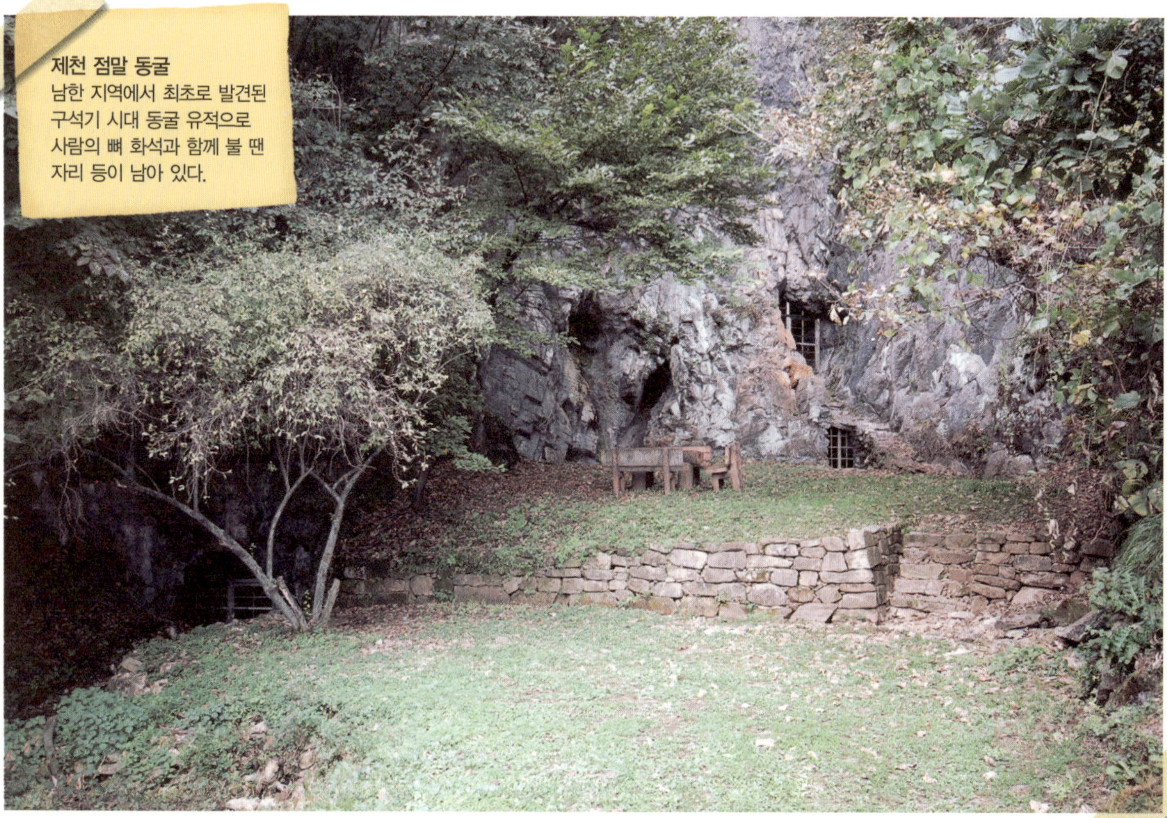

제천 점말 동굴
남한 지역에서 최초로 발견된 구석기 시대 동굴 유적으로 사람의 뼈 화석과 함께 불 땐 자리 등이 남아 있다.

  또한 동굴 외에 강가나 바닷가에 막집을 짓고 살기도 했는데, 웅기 굴포리 유적, 연천 전곡리 유적, 공주 석장리 유적, 양구 상무룡리 유적 등이 그 예이다.

  그리고 구석기 시대 사람들은 먹을거리를 찾아 이곳저곳 옮겨 다니며 무리지어 살았다. 사냥할 때는 주먹도끼, 찍개, 찌르개 같은 도구를 사용했는데, 추운 기후일 때는 털코끼리와 순록 등을 사냥했고, 더운 기후일 때는 쌍코뿔소, 큰뿔사슴, 원숭이 등을 사냥했다. 그런데 커다란 짐승을 사냥하려면 그만큼 위험도 컸기 때문에 여럿이 힘을 합해 몰이사냥을 했고, 나중에는 사냥돌을 이용해 멀리 떨어진 짐승을 사냥할 줄도 알게 되었다.

  이처럼 구석기 시대 사람들은 사나운 짐승을 사냥하면서 생명의 위협을 느꼈다. 그래서 늘 자신이 안전하기를 바랐고, 사냥이 잘 되어 굶주리지 않기를 빌었다. 그런 바람과 함께 사냥으로 죽인 짐승을 기리는 마음을 담아, 동굴 벽에 짐승 그림을 그리거나 짐승의 뼈나 뿔로 장식품을 만들어 몸에 지니고 다녔다. 이것은 자연 앞에서 한없이 약해질 수밖에 없는 인간의 마음을 나타낸 것이며, 여기에서 원시 신앙과 예술이 싹텄다고 할 수 있다.

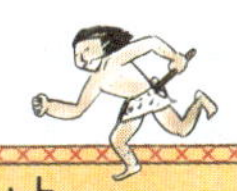

다각면 석기, 미사일 스톤이라고도 불리는 사냥 도구이다. 둥글게 생긴 석기에 칡덩굴 등을 친친 감아 빠지지 않게 한 뒤, 이것을 빙빙 돌리다가 사냥할 짐승을 향해 던졌다. 멀리 떨어진 거리에서도 사냥감에게 큰 부상을 입히거나 다리에 걸리게 하여 사로잡는 매우 효과적인 사냥 도구였다.

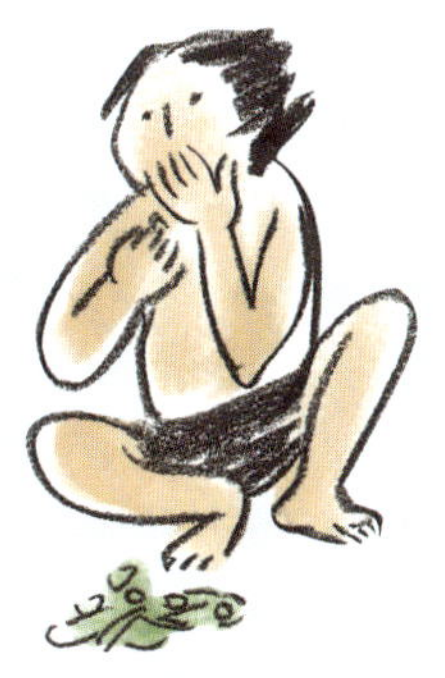

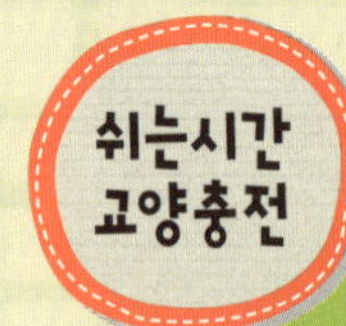

인류가 그린 최초의 그림,
라스코 동굴 벽화

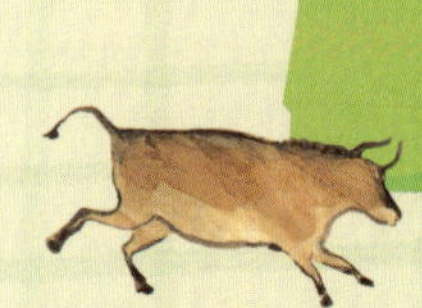

라스코 동굴은 프랑스 남서부 도르도뉴 지방의 소나무가 우거진 언덕에 있다. 이 동굴은 1940년 9월, 네 명의 소년에 의해 우연히 발견되었다. 소년들은 개를 데리고 숲 속에 놀러 갔다가 개가 갑자기 사라지는 바람에 찾아다니던 중 덤불에 가려진 동굴을 발견했다.

소년들은 약간 경사진 동굴 입구를 6~7m쯤 기어 들어갔는데, 갑자기 깊은 곳으로 툭 떨어진 뒤에 정신을 차려 보니 넓은 동굴 안이었다고 한다. 다음 날, 램프와 밧줄을 가지고 다시 가서 동굴을 샅샅이 뒤져 개를 찾아냈고, 이때 동굴 벽에 그려진 벽화도 보게 되었다.

라스코 동굴 벽에 그려진 동물 그림은 100점이 넘었다. 동물화는 대개 크게 표현되었으며, 주 동굴에 있는 검은 소 등은 가로가 5m 이상이나 되며, 작게는 1m 안팎인 것도 있다.

동물 그림 중에는 말이 가장 많고, 그 다음이 소이며, 사슴, 돼지, 이리, 곰, 새, 상상의 동물 등이었다. 그리고 주술사와 같은 사람도 그려져 있다.

이러한 그림들은 질서 없이 무리지어 벽에 그려졌는데, 솜씨가 무척 뛰어나 마치 살아 있는 동물처럼 생생한 느낌을 주고 있다.

라스코 동굴 벽화는 알타미라 동굴 벽화와 함께 프랑코 칸타브리아 미술의 가장 유명한 구석기 시대 회화로 여겨지고 있다.

라스코 동굴은 제2차 세계 대전이 끝난 뒤인 1948년에 관광지로 개발되면서 사

람들에게 공개되었다. 이후 관광객들이 몰려 들어 유물이 훼손되고 동굴 벽화가
부식되자 프랑스 정부는 1963년 벽화 보존을 위해 동굴을 폐쇄했다. 지금은 원래
동굴에서 조금 떨어진 곳에 복제 동굴을 만들어 일반인들에게 공개하고 있다.

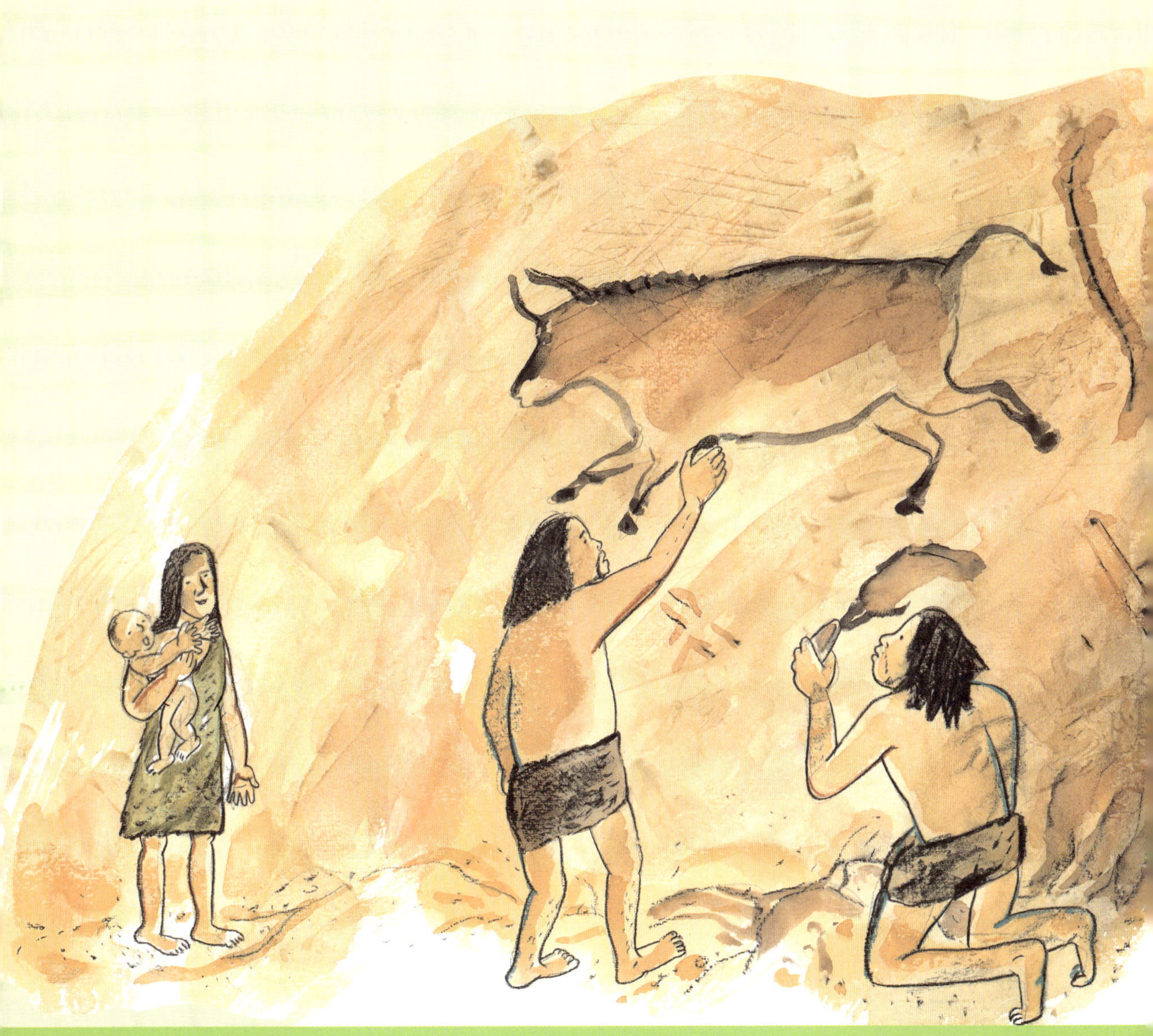

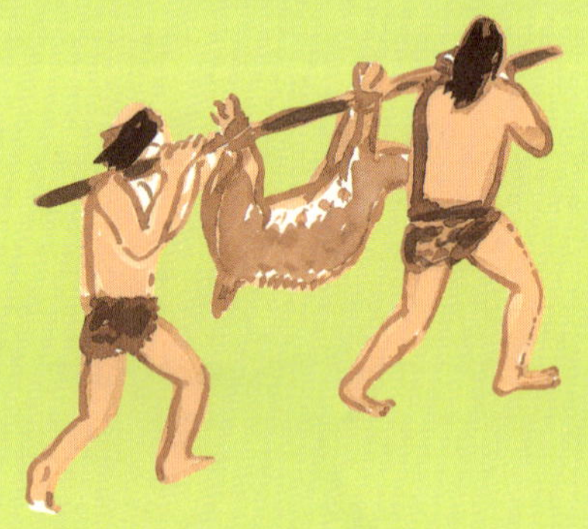

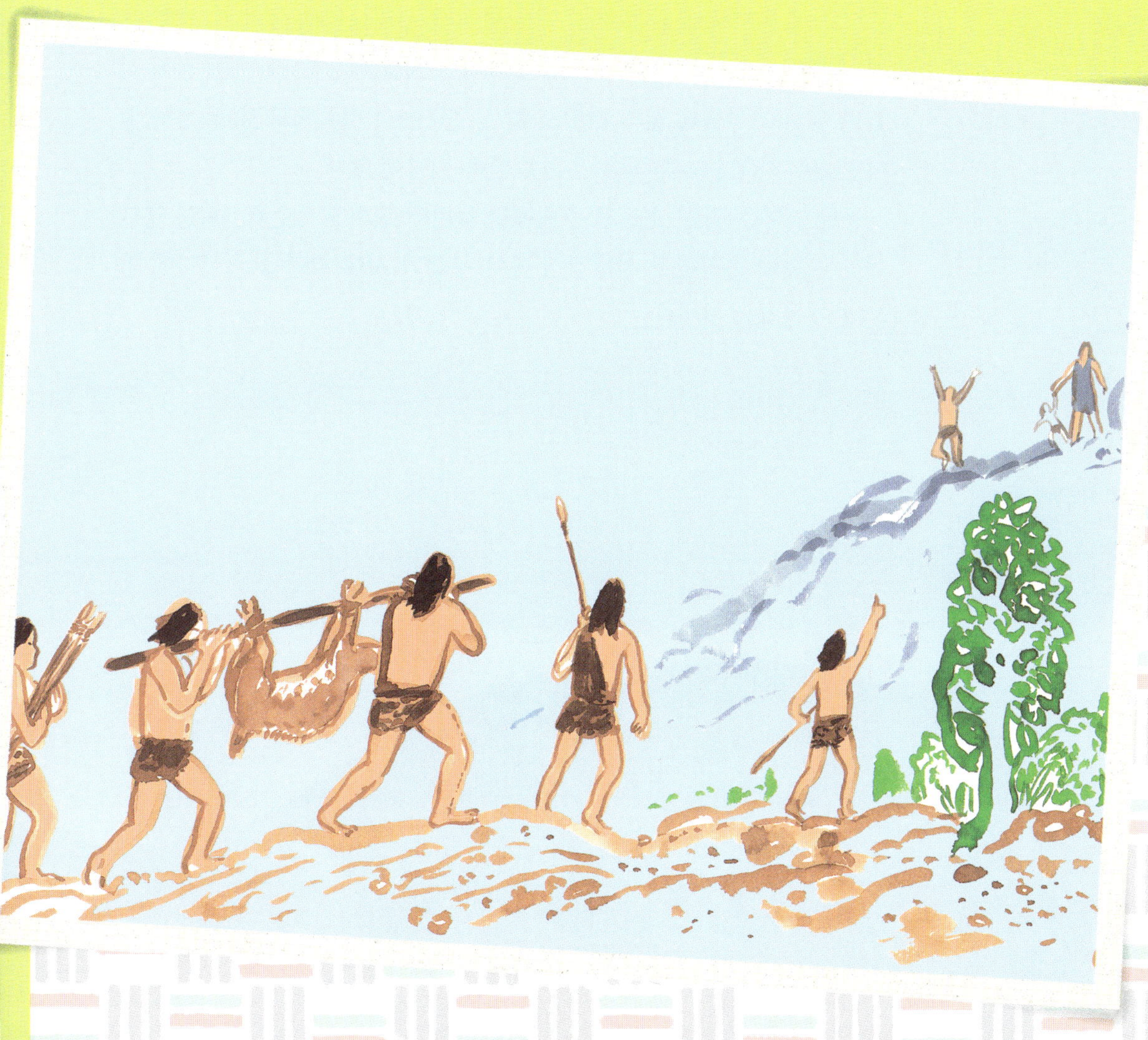

70만 년쯤 전에 우리나라에도 사람이 살았던 흔적이 발견되었다. 구석기 시대 유적 중에서
가장 오래된 상원 검은모루 동굴은 오랜 옛날 주변이 온통 울창한 숲이어서 사냥감이 많아
구석기 사람들이 살기에 알맞은 환경이었을 것이다.

사람이 지구상에 나타난 뒤로 몇몇 지역에서만 사람이 살았던 흔적이 발견되었다. 우리나라도 일찍부터 사람이 살아온 지역 가운데 하나로 1966년에 발견된 평양시 상원 검은모루 동굴을 보면 알 수 있다.

상원 검은모루 동굴은 지금까지 밝혀진 우리나라의 구석기 시대 유적 중에서 가장 오래된 것이다. 이 유적은 자그마치 70만 년쯤 전에 살았던 우리 조상들의 삶의 터전으로, 상원군에서 서쪽으로 3km 정도 떨어진 흑우리(검은모루) 마을 우물봉 남쪽 비탈에 있다.

동굴 앞에는 강이 흐르고 주변에는 들판이 펼쳐져 있는데, 오랜 옛날 이곳은 숲이 울창하고 사냥감이 많아 구석기 시대 사람들이 살기에 좋은 환경이었을 것이다.

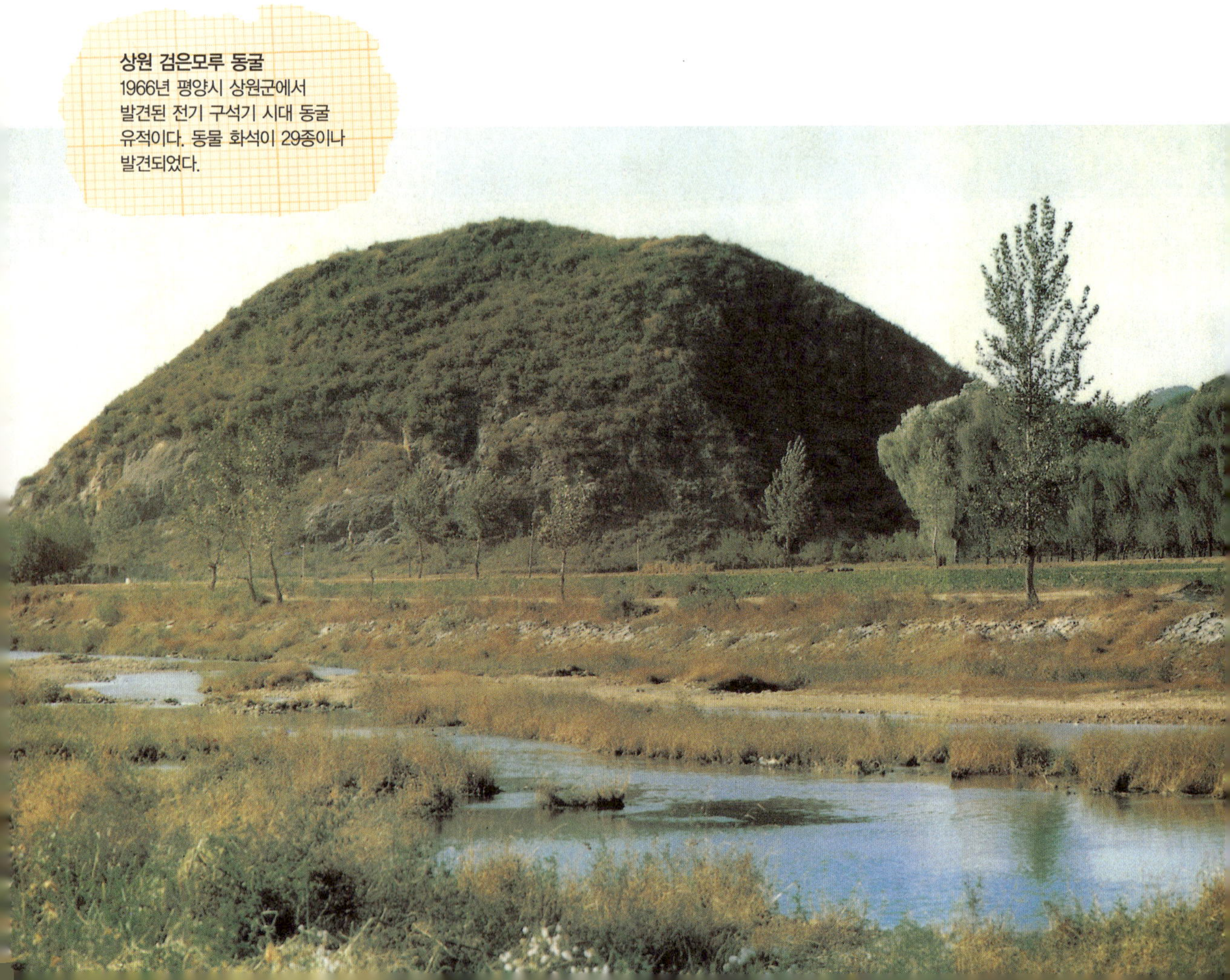

상원 검은모루 동굴
1966년 평양시 상원군에서 발견된 전기 구석기 시대 동굴 유적이다. 동물 화석이 29종이나 발견되었다.

상원 검은모루 동굴의 동물 화석

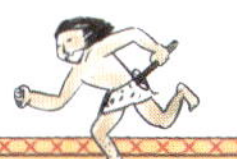

구석기 시대 사람들은 주로 동굴, 막집, 바위 그늘 등에서 살았다. 제천 점말 동굴과 청원 두루봉 동굴 등에서 발견된 동물 뼈 화석은 구석기 시대 사람들이 사냥한 짐승을 동굴에서 조리해 먹었음을 보여 주는 증거라 할 수 있다.

실제로 상원 검은모루 동굴에서는 많은 석기와 함께 29가지나 되는 동물 화석이 나왔다. 동물 화석은 당시의 자연환경을 짐작할 수 있는 중요한 자료가 된다. 여기서 나온 동물 화석에는 토끼나 쥐처럼 작은 짐승도 있지만, 덩치가 커다란 큰쌍코뿔소도 많았다. 콧등에 뿔이 솟은 코뿔소는 인도코뿔소처럼 뿔이 하나인 것과 아프리카코뿔소처럼 뿔이 두 개인 것이 있다.

상원 검은모루 동굴에서 나온 큰쌍코뿔소 화석을 살펴보면 뿔은 두 개, 몸무게는 아프리카코뿔소와 비슷한 1.5톤 정도로 보인다. 그러나 이 큰쌍코뿔소는 이미 수만 년 전에 멸종되었으며, 오늘날의 코뿔소와 는 전혀 종류가 다르다. 그 밖에도 습들쥐, 상원말처럼 이미 오래전에 멸종된 동물이 반이 넘었는데, 이는 당시에 살았던 동물들이 오늘날의 동물과는 전혀 다르다는 것을 말해 준다.

또 원숭이, 코끼리, 코뿔소처럼 더운 지방에 사는 동물의 화석이 나 오는 것은 그때의 기온이 지금보다 훨씬 높았다는 증거이다. 그리고 물 이 많고 축축한 곳을 좋아하는 물소, 습들쥐 같은 동물의 화석이 나오 는 것은 당시에 비가 많이 내렸고, 주변에 큰 강이 흐르고 있었음을 말

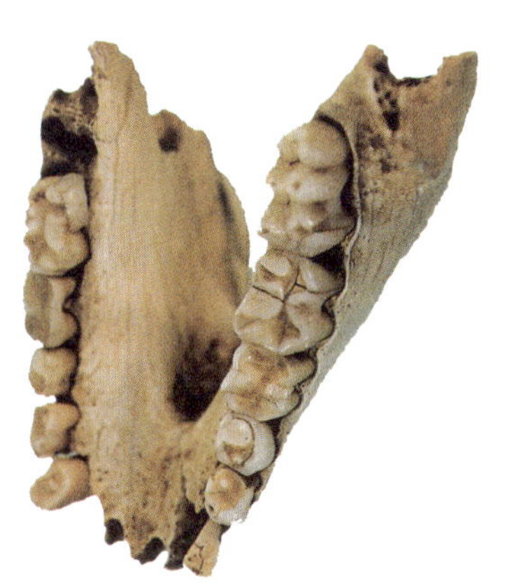

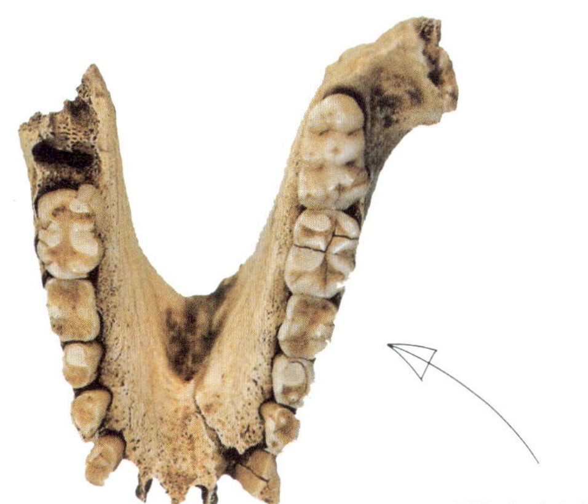

원숭이 아래턱뼈 화석

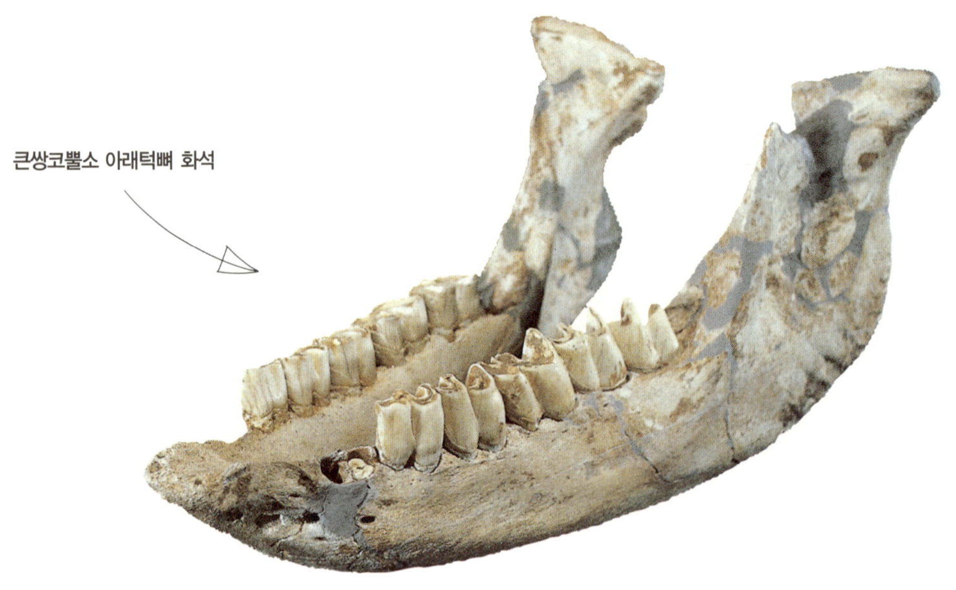

해 준다.

이처럼 상원 검은모루 동굴에서 동물 화석들이 많이 나온 것으로 보아 옛날 이곳에 많은 동물들이 살았다는 것을 알 수 있다. 멧돼지·승냥이·곰처럼 울창한 숲 속에 사는 동물, 소나 말처럼 들판이나 산자락에 사는 동물, 사슴처럼 숲 속이나 산언덕에 사는 동물도 있었다. 이러한 동물 화석을 통해 다양한 동물이 이곳에 모여 살았고, 그 동물들의 먹이가 되는 갖가지 식물도 있었음을 미루어 짐작할 수 있다.

옛날의 생활을 알려 주는 석기

상원 검은모루 동굴에서는 많은 동물 화석과 함께 전기 구석기 시대의 생활을 엿볼 수 있는 석기들이 나왔다. 이 석기들은 대부분 규질석회암으로 만든 것인데, 그 가운데는 주먹도끼처럼 생긴 것도 있고, 사다리꼴이나 반달 모양으로 생긴 것도 있었다.

주먹도끼처럼 생긴 석기는 모난 돌을 평평한 모룻돌 위에 올려놓고 다른 돌로 내려쳐서 만든 것으로, 넙적한 한쪽 면에는 때려낸 자국이 있다. 이 석기는 양쪽 날이 뾰족하여 땅을 파거나 짐승의 고기를 저미는 데 썼던 것으로 보인다. 그 밖의 석기들에도 날을 세우려고 때려낸 자국과 사용하면서 점점 무뎌진 흔적이 있다.

이 석기들은 가장 원시적이고 간단한 내려치기와 부딪쳐떼기 방법으로 만들었다. 따라서 몸돌의 모습이 그대로 남아 있어 생김새에 통일감이 없다. 이런 석기들은 구석기 시대에서도 가장 이른 전기 구석기 시대 유적에서 찾아볼 수 있다.

이처럼 상원 검은모루 동굴은 70만 년이나 거슬러 올라가는 옛날의 생활을 알려 줄 뿐만 아니라, 사람이 지구상에 나타나기 시작한 오랜 옛날부터 한반도에도 사람이 살았음을 보여 주는 소중한 유적이다.

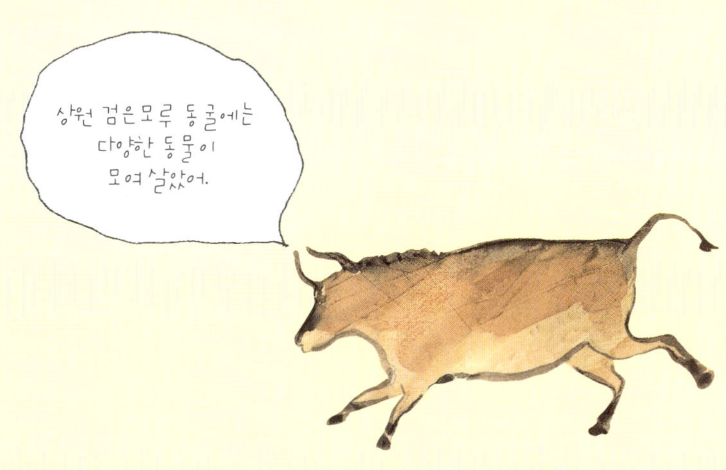

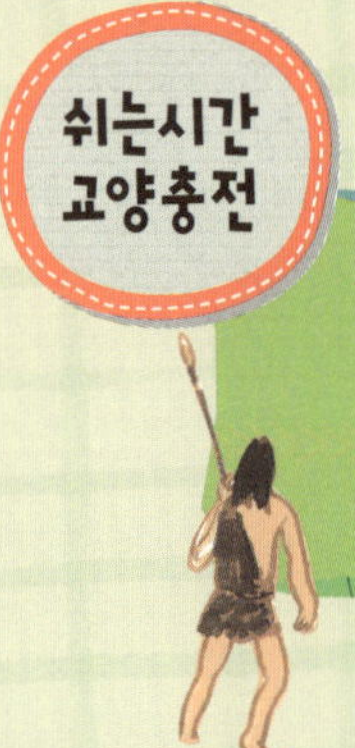

구석기 시대 사람들은 어떻게 불을 얻었을까?

　사람이 불을 사용하기 시작한 것은 약 40~50만 년 전이라고 한다. 그러니 이 불을 발견하기 전까지는 다른 동물들과 마찬가지로 날고기를 먹고, 추위에 떨며 살았던 것이다.

　구석기 시대 사람들도 처음에는 다른 동물들과 마찬가지로 불을 무서워했다. 그러다가 화산이 폭발하거나 우연히 벼락이 떨어져 산불이 일어났을 때 불에 타 죽은 짐승의 고기를 먹게 되었다. 이때 불에 익힌 고기가 생고기보다 훨씬 연하고 맛있다는 것을 알게 되었다.

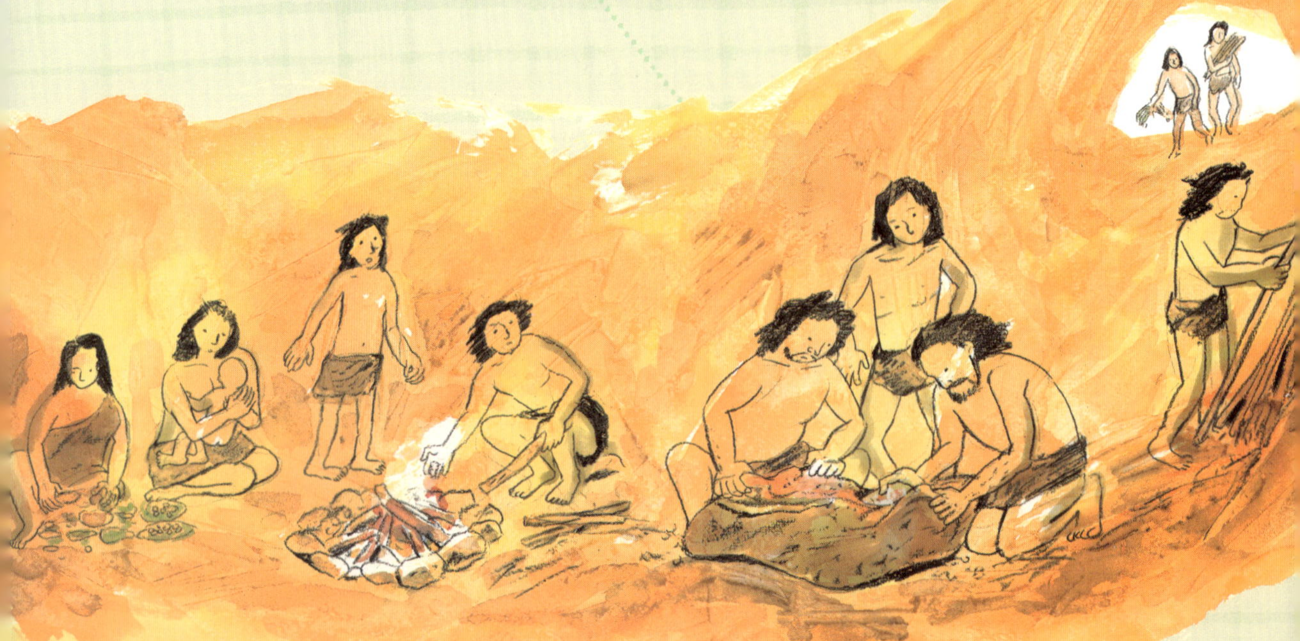

　또 무서웠던 불이 추운 밤에 몸을 따뜻하게 해 준다는 것을 알았고, 불을 피워 놓으면 다른 동물들이 사람들 가까이에 오지 않아 안심할 수 있었다. 그래서 구석기 시대 사람들은 불이 참 유용한 것이라는 것을 깨닫게 된 것이다.

　그 후 사람들은 산불이 지나간 자리에서 불씨를 가져다가 쓰게 되었고, 마침내 불씨가 꺼졌을 때 불을 다시 지피는 방법까지 알아냈다.

　불을 다시 피우는 여러 방법 중에서 사람들이 맨 처음에 사용한 방법은 나무 막대를 다른 나무에 열심히 비벼 불을 피우는 것이었다. 하지만 그렇게 하는 데는 시간과 노력이 너무 많이 들었다. 그래서 차차 불씨가 잘 일어나는 부싯돌을 쓰게 되었을 것이다.

　이처럼 불의 사용으로 음식을 익혀 먹게 된 구석기 시대 사람들은 전보다 풍부한 영양 섭취를 하게 되었고, 이로 인해 두뇌 발달이 촉진되어 두뇌의 크기도 상당히 커졌다.

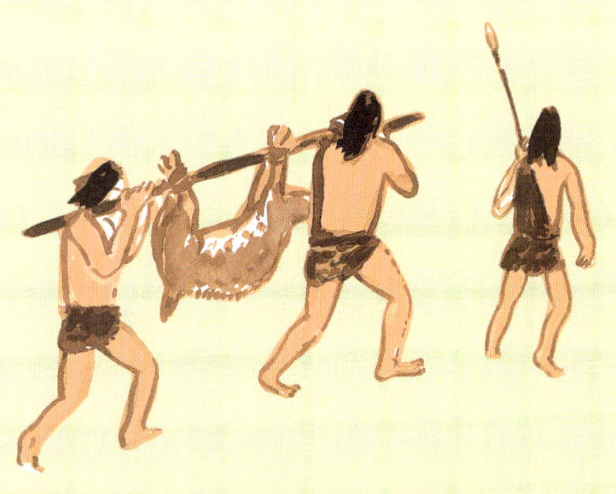

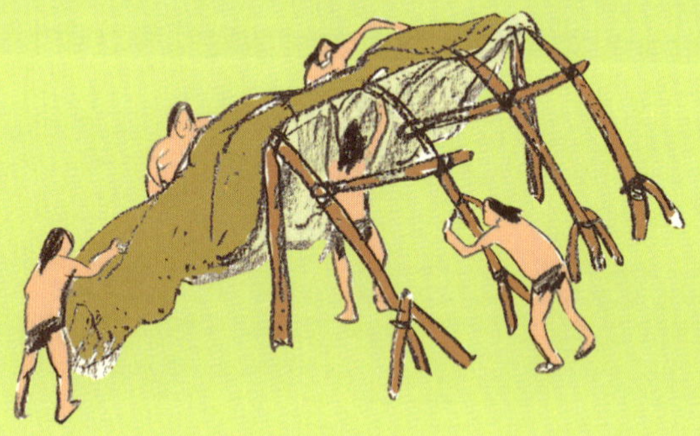

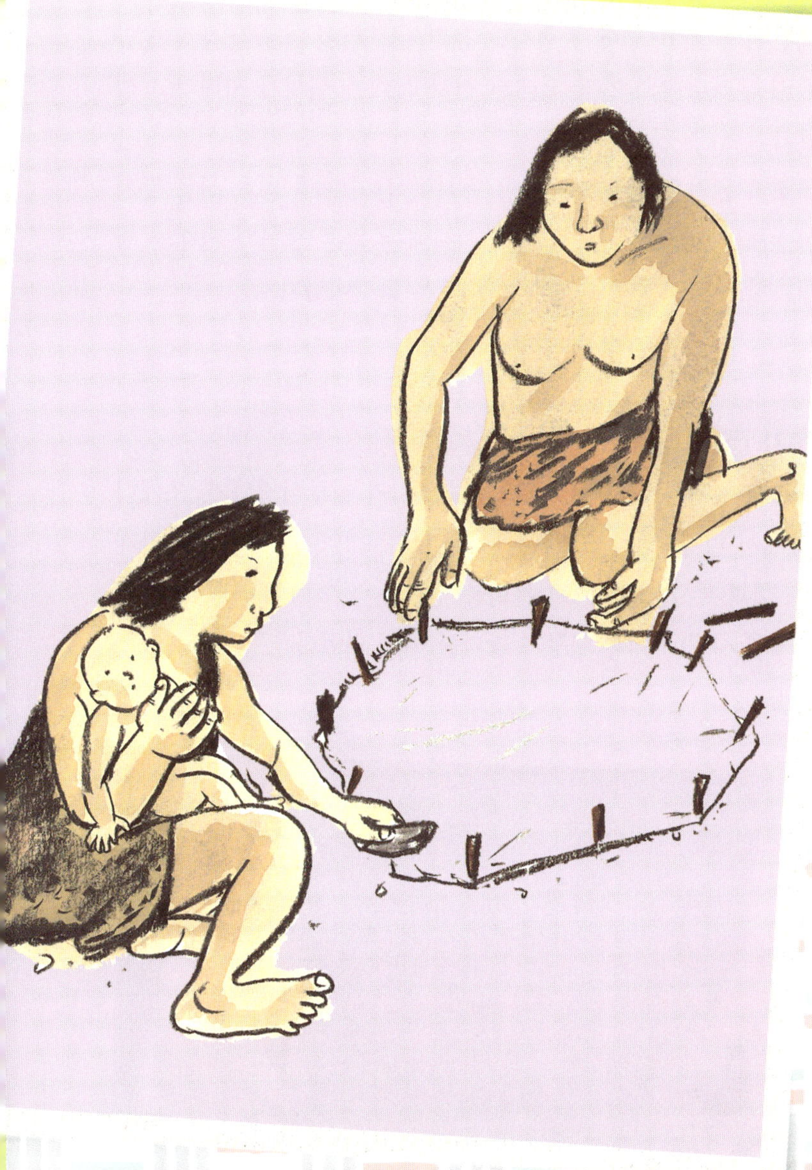

일제 강점기인 1933년에 함경북도 종성군 동관진에서 구석기 시대 유적이 발견되었지만 인정받지 못했다. 그래서 남한의 공주 석장리 유적과 북한의 낭기 굴포리 유적은 우리나라에도 구석기 시대 사람들이 살았다는 것을 처음으로 알려 준 중요한 유적들이다.

우리나라에서 구석기 시대 유적이 맨 처음 발견된 것은 일제 강점기 때이다. 1933년에 함경북도 종성군 동관진에서 동물 뼈 화석과 석기, 뼈연장이 발견되었는데, 일본인 학자들은 이를 인정하지 않았다. 그래서 해방된 후 1963년에 함경북도 웅기 굴포리의 서포항 유적이 발견될 때까지 우리나라의 가장 오래된 선사 시대는 신석기 시대라고 생각되어 왔다.

웅기 굴포리 유적은 서포항동 마을 동북쪽 산기슭에 있다. 산을 등지고 앞에는 바다가 펼쳐져 있어, 구석기 시대는 물론 신석기 시대와 청동기 시대까지도 사람들이 살기에 매우 좋은 환경이었다.

북한의 웅기 굴포리 유적

웅기 굴포리 유적은 1960~1962년까지 조사가 이루어졌다가, 조개더미 밑 지층에서 밀개 한 개가 발견된 것을 계기로 1964년까지 조사하게 되었다. 그 결과 두 개의 구석기 문화층이 있는 것으로 밝혀졌고, 북한에서는 구석기 시대에 대한 연구가 활기를 띠게 되었다.

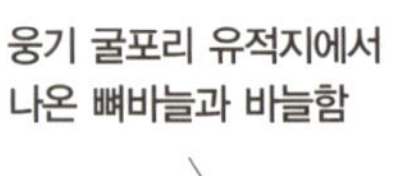
웅기 굴포리 유적지에서 나온 뼈바늘과 바늘함

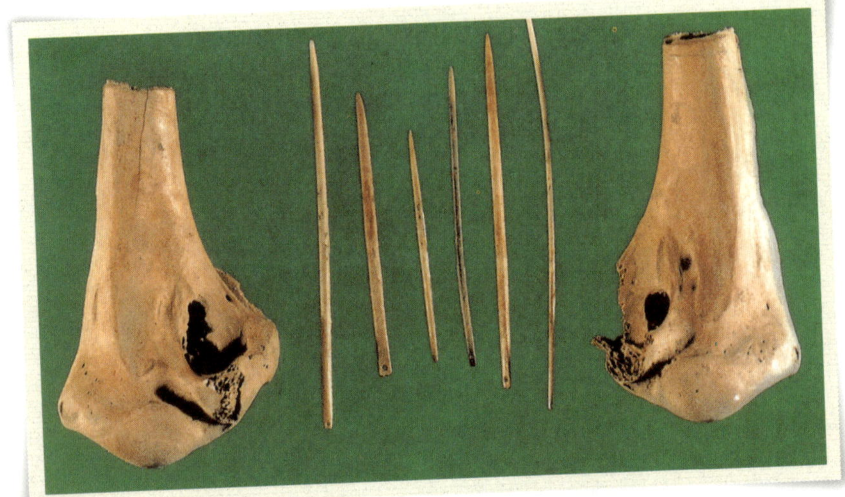

44

두 개의 문화층 중 아래층에서는 막집 자리와 모룻돌을 비롯한 석기들이 발견되었다. 막집의 크기는 30~40㎡ 정도 되는데, 집 안의 가장자리에는 돌덩이와 돌무지들이 놓여 있었다. 돌덩이 가운데 하나는 석기를 만들 때 쓰던 모룻돌이며, 그 주변에는 차돌로 만든 석기와 차돌 조각이 널려 있었다. 이것들이 나뭇가지와 짐승 가죽으로 엮어 만든 막집을 지탱해 주는 구실을 했던 것으로 보인다.

또한 찍개, 돌날, 돌날몸돌, 격지 같은 석기도 나왔다. 이 석기들은 모두 내려치기와 부딪쳐떼기 방법으로 만든 것인데, 상원 검은모루 동굴의 석기들에 비하면 훨씬 작고 예리했다. 특히 몸돌과 격지는 하나의 몸돌에서 여러 개의 격지를 때려내는 발전된 기술로 석기를 만들었음을 보여 준다. 그렇기는 해도 이 석기들은 아직 거칠고 원시적인 것이었다.

2~4만 년 전에 이루어진 것으로 보이는 위층에서는 아래층보다 발전된 석기들이 나왔다. 여기서 나온 밀개, 긁개, 찍개, 돌날, 돌날몸돌 등은 부딪쳐떼기로 만든 격지로 잔손질을 많이 한 것이며, 주먹도끼의 안팎날도 잔손질을 했음을 알 수 있다. 이렇게 내려치기 같은 직접떼기와 눌러떼기 같은 간접떼기 방법을 함께 사용한 것을 보면 석기 만드는 기술이 보다 발달했음을 알 수 있다.

남한의 공주 석장리 유적

공주 석장리 유적은 충청남도 공주시에서 6km 정도 떨어진 금강 가에 있다. 이 유적은 웅기 굴포리 서포항 유적과 함께 우리나라도 구석기 시대에 사람들이 살았다는 것을 처음으로 알려 준 중요한 유적이다.

이 유적에서는 1964~1974년까지 열 차례에 걸친 발굴을 통해 전기 구석기 시대부터 후기 구석기 시대까지 사람들이 살았던 흔적이 확인되었고, 1990년과 1993년에 다시 한 번 발굴이 진행되었다.

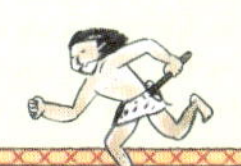

문화층

유물이 있어 과거의 문화를 아는 데 도움이 되는 지층을 말한다. 구석기 시대 사람들은 먹을거리를 찾아 떠돌아다니며 살았다. 그러다 보니 한 무리가 살다 간 곳에 곧 다른 무리가 와서 한동안 살다가 떠나기도 하고, 때로는 세월이 흘러 그곳에 흙이 두껍게 쌓인 뒤에 사람이 다시 살기 시작한 경우도 있었다. 그들이 남긴 유적은 동굴이나 물가의 땅속에 묻혀 있는 것이 보통인데, 이렇게 사람이 살았던 흔적이 있는 지층을 가리켜 '문화층' 이라고 한다.

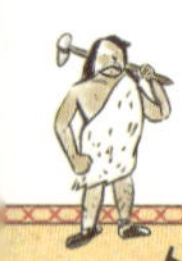

선사 시대와 역사 시대는 문자를 사용했느냐 그렇지 못했느냐로 구분된다. 선사 시대는 문자를 사용하지 못했던 구석기 시대와 신석기 시대를 말하고, 역사 시대는 문자를 만들어 쓰기 시작한 청동기 시대 이후를 말한다. 우리나라는 철기 시대부터 문자를 사용한 것으로 보고 있다.

공주 석장리 유적은 강바닥, 강가, 강비탈의 세 개 지층으로 나누어 볼 수 있다. 강가 지층의 맨 위에서 나온 나무뿌리는 조사 결과 따뜻한 기후에서 자란 것이라고 한다. 또 숯은 방사성 탄소 연대 측정법으로 조사한 결과 5만 년 전보다 앞선 시기의 것으로 밝혀졌다.

강비탈 지층의 집터 화덕에서 나온 재는 2만 년쯤 전의 것이고, 맨 밑의 강바닥 지층은 30~50만 년 전까지 거슬러 올라가는 것으로 짐작된다.

이곳에는 구석기 시대 전기부터 후기까지의 생활 모습을 간직한 문화층이 12~14개 있다. 이 문화층들은 아래에서 위로 올라가면서 석기 만드는 방법의 발달 과정을 보여 주는데, 맨 꼭대기 문화층은 잔석기로 대표되는 중석기 시대의 특징을 보인다. 중석기 시대란 구석기 시대에서 신석기 시대로 넘어가는 중간 단계를 말한다.

구석기 시대를 전기 · 중기 · 후기로 나누어 그 특징을 살펴보면, 전기의 곧선 사람들은 돌을 거칠게 때려내어 외날찍개, 안팎날찍개, 주먹대패 같은 무거운 석기를 만들었다. 중기의 슬기 사람들은 주먹도끼,

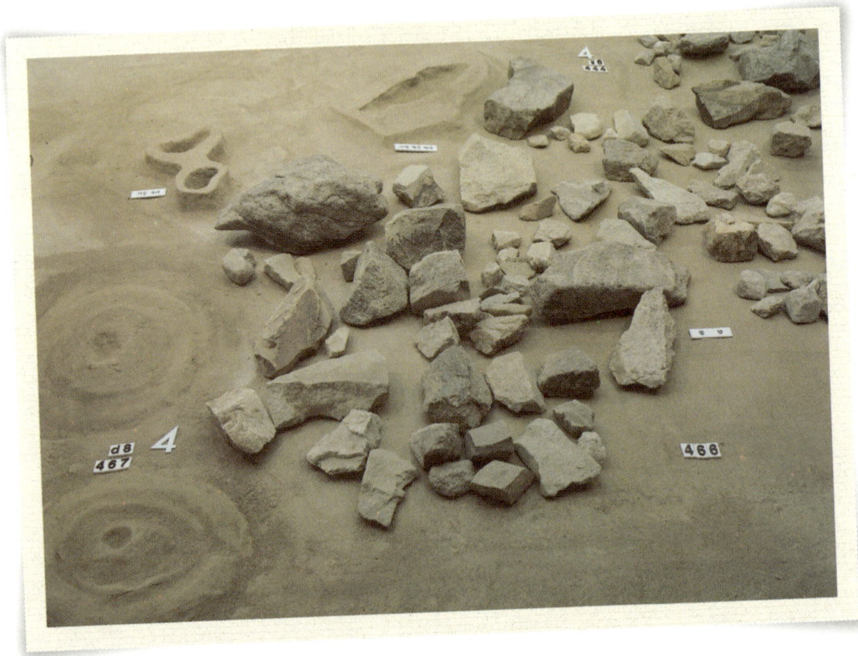

공주 석장리 유적
1990년 10월에 사적 제334호로 지정된 구석기 시대 유적이다. 중석기 시대 석기까지 발굴되어 우리나라 구석기 시대를 연구하는 데 중요한 역사적 자료가 되고 있다.

찍개와 함께 몸돌과 격지를 이용해 보다 발달된 긁개, 찌르개, 자르개 등을 만들었으며 돌려떼기 기술도 사용했다.

후기의 슬기 슬기 사람들은 매우 발달된 돌날떼기 기술로 돌날, 돌날 몸돌, 밀개, 새기개, 찌르개 등 세밀한 도구를 만들었다. 뿐만 아니라 지금까지 쓰던 차돌이나 반암 말고도 수정, 흑요석 등 다른 지역에서 나는 돌까지 구해 사용한 것을 알 수 있다.

이 유적에서 발견된 후기 문화층의 집터에는 기둥, 화덕, 담 자리가 있어 기둥을 세워 만든 막집이었음이 밝혀졌다. 또 이 집터는 50㎡쯤 되는 넓이로 8~10명의 대가족이 살았으리라 짐작된다.

이렇게 공주 석장리 유적은 구석기 시대 전기 · 중기 · 후기의 다양한 문화층으로 이루어져 있고, 집터 · 화덕 자리 · 사람과 짐승의 털 · 불에 탄 곡식 낟알 등이 발견되었다. 또한 긁개, 밀개, 찌르개, 자르개, 주먹 도끼, 주먹대패 등 3,000여 점의 석기가 나와 우리나라 구석기 시대 연구에 귀중한 자료가 되고 있다.

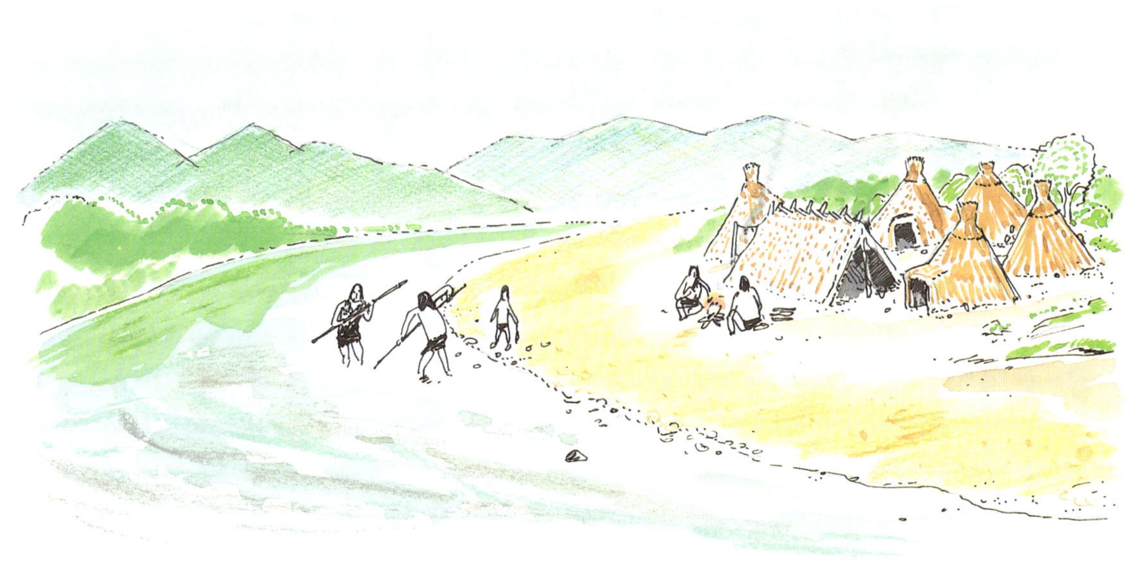

잃어버릴 뻔한 구석기 유적

우리나라에서 구석기 시대의 유적이 처음으로 발견된 곳은 함경북도 온성군 동관진이다. 동관진 유적은 일제 시대 때 일본이 우리나라의 문물을 약탈하기 위해 철도 공사를 하던 중 대지가 절단된 곳에서 쥐의 이가 발견되면서 비로소 알려지게 되었다.

1934년 일본인 모리에 의해 발굴 작업이 이루어졌는데 많은 수의 땅쥐·누렁쥐 등의 화석과 하이에나·털코끼리·털코뿔소·옛소 등의 화석이 발견되었다. 이러한 동물 화석은 모두 추운 지역에서 살았던 종류들이고, 화석이 발견된 곳도 두터운 황토층 중에서 윗부분인 것으로 보아 후기 구석기 시대에 살았던 동물들인 것으로 추정된다.

또 여러 종류의 짐승 뼈와 함께 두 점의 석기가 나왔는데, 이들 석기는 사람이 때려낸 흔적이 그대로 남아 있는 작은 격지로 날 부분은 잔손질이 되어 있지 않았다.

당시에 발굴된 것은 두 점의 격지에 불과했지만 만약 그때 발굴 조사가 좀 더 정밀하게 이루어졌다면 더 많은 석기를 찾았을 것이다. 동관진 유적에서 나온 유물은 우리나라 구석기 시대의 자연 환경과 문화 활동을 이해하는 데 아주 중요한 자료이다.

그러나 당시 일본에서는 구석기 유적이 아직 발견되지 않았기 때문에 일제는 식민지인 우리나라에서 구석기 유적이 먼저 발굴되는 것을 용납할 수 없었다. 그래서 그들은 이 유적이 발견된 곳에 신석기 유적도 함께 있었기 때문에 구석기 유적으로 속단할 수 없다고 했다.

　결국 동관진 유적은 일본 학자들에 의해 무시되었고, 역사적 자료로 인정을 받지 못했다. 동관진 유적이 우리의 연구에 의해 구석기 시대 유적으로 올바른 평가를 받기까지는 20여 년이나 걸렸다.

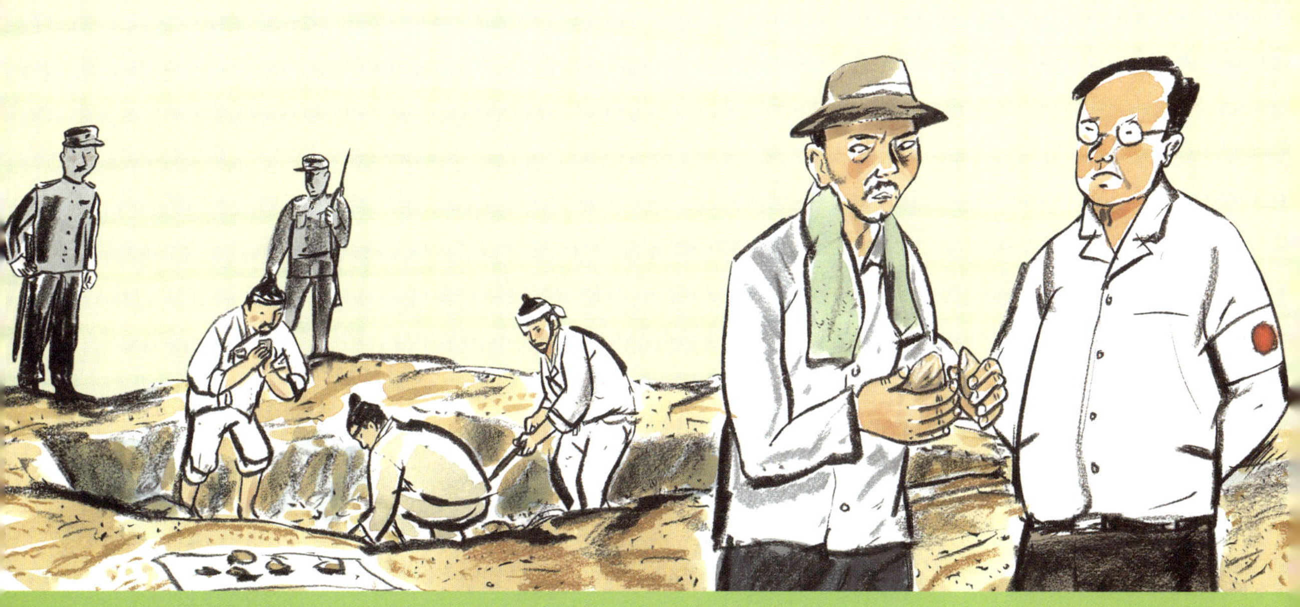

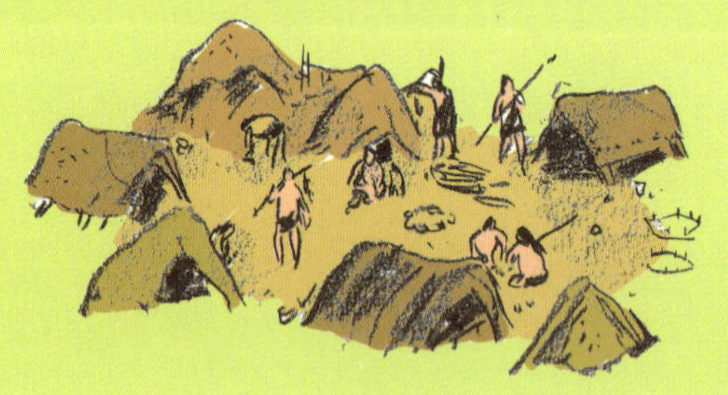

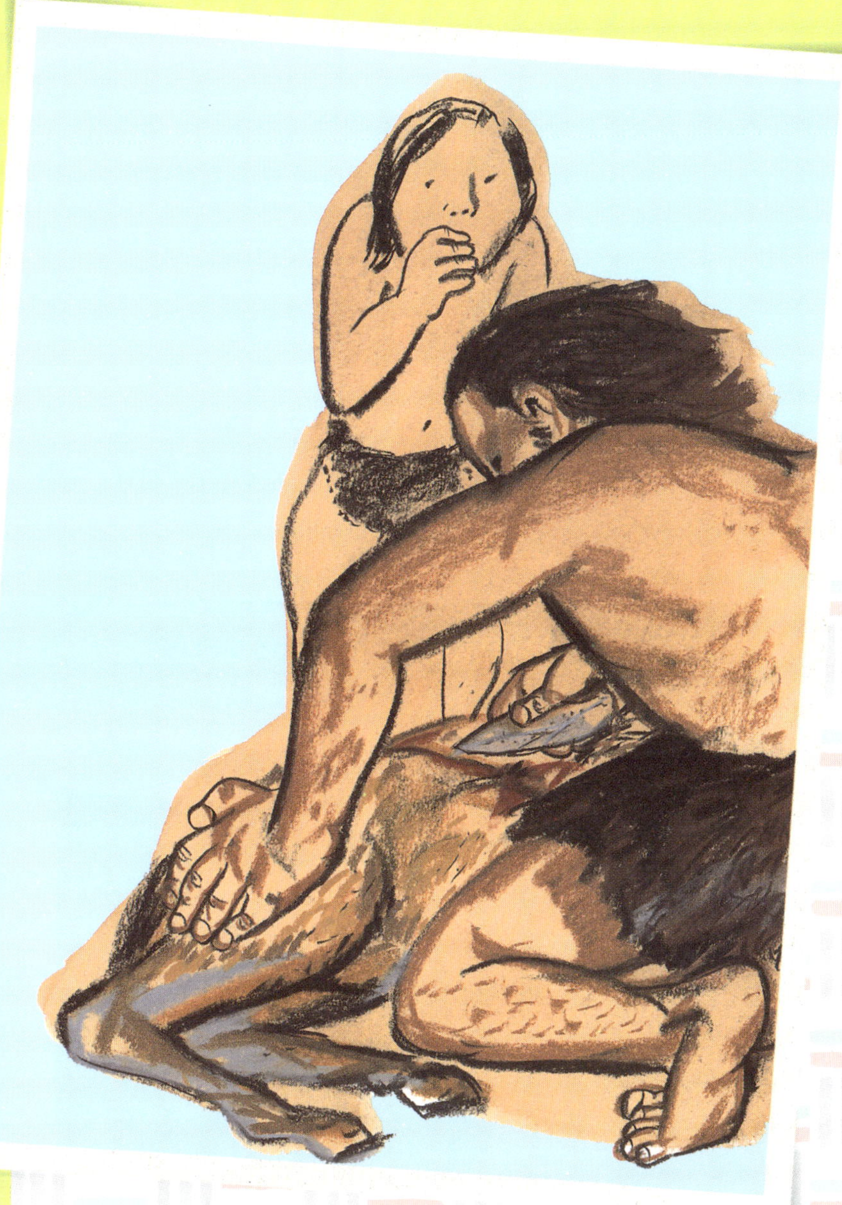

연천 전곡리 유적에서 발굴된 아슐리안 형 주먹도끼는 동아시아에서 처음 발견된 것이다.
이 유적으로 인해 세계 고고학계에 아시아에서도 기술적으로 앞선 구석기 문화가 있었음을 알리는
좋은 계기가 되었다.

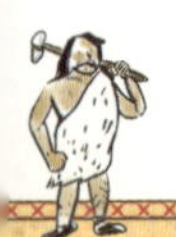

아슐리안 주먹도끼는 프랑스의 생 아슐 유적에서 처음 발견된 주먹도끼에 붙여진 이름이다. 아슐리안 주먹도끼는 타원형이거나 끝이 뾰족하고 납작하게 생겼으며, 몸통 부분을 많이 손질한 석기로 양쪽에 날이 선 도끼 모양을 하고 있다.

연천 전곡리 유적은 경기도 연천군 전곡읍 남쪽, 한탄강이 U자 모양으로 감싸고 흐르는 곳에 있다. 1978년에 한 미군 병사가 이곳에 놀러 왔다가 구석기 시대의 석기를 몇 점 발견하면서 세상에 알려지기 시작했다.

특히 연천 전곡리 유적은 한탄강 가에 있는 30만여 평의 현무암 대지에 흩어져 있는데, 이 현무암 대지 위에 있는 3~8m 두께의 퇴적층 속에서 유물들이 발견되었다.

세계적으로 인정받은 연천 전곡리 유적

지금까지 11차례의 발굴을 통해 이곳에서 나온 유물은 아슐리안 형 주먹도끼를 비롯해 석기와 나무껍질, 숯 등 4,600여 점에 이른다. 석기

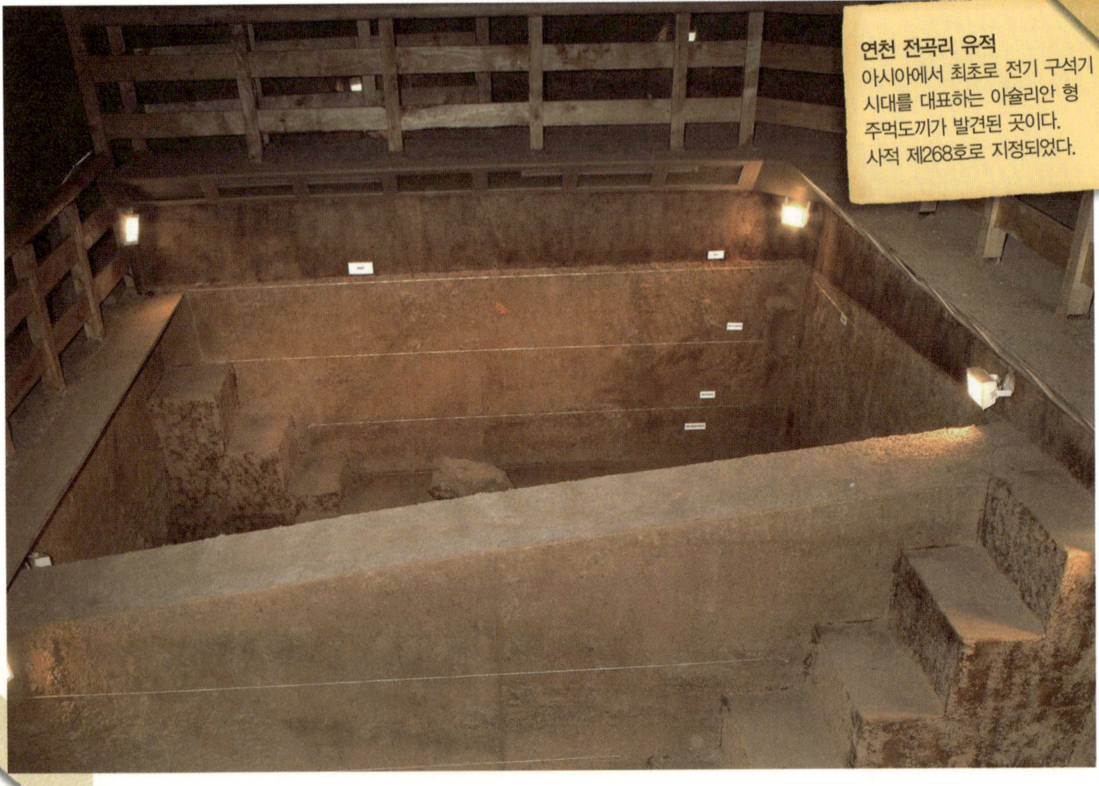

연천 전곡리 유적
아시아에서 최초로 전기 구석기 시대를 대표하는 아슐리안 형 주먹도끼가 발견된 곳이다. 사적 제268호로 지정되었다.

는 대부분 차돌과 규암을 재료로, 내려치기와 부딪
쳐떼기 방법으로 만들어졌다. 그중에는 현무암과
편마암으로 만든 석기도 있다.

이 유적에서 나온 석기 중 가장 대표적인 것
은 아슐리안 형 주먹도끼이며, 한쪽 면만 손
질한 주먹도끼, 가로날 도끼, 끝이 뾰족한
찍개, 긁개, 사냥돌, 찌르개, 몸돌, 격지
등도 발견되었다.

연천 전곡리 유적에서 나온 아슐
리안 형 주먹도끼는 동아시아에서
는 처음 발견된 것으로, 그 의미가
매우 깊다. 왜냐하면 그 전까지는 세
계 고고학계가 아시아의 구석기 문화
에서는 기술적으로 앞선 주먹도끼가
사용되지 못했다고 보았는데, 전곡리에
서 아슐리안 형 주먹도끼가 발견됨으로써 그런
학설이 뒤집어졌기 때문이다.

아슐리안 형 주먹도끼의 발굴로 연천 전곡리 유적은 세계적인 구석
기 시대 유적으로 인정을 받게 되었다.

웃음거리가 된 일본의 구석기 역사

우리나라에서 전곡리 유적이 발견되자, 이에 자극을 받은 일본도 구
석기 유적을 찾기 위해 여러모로 노력했다. 그때까지 일본에서는 5~7
만 년 전의 가네도리 석기 유적이 가장 오래된 것이었다. 그런데 이웃
나라 한국에서 수십만 년 전의 구석기 유적이 발견되니까, 이에 뒤질세
라 전국에 걸쳐 조사를 실시한 것이다.

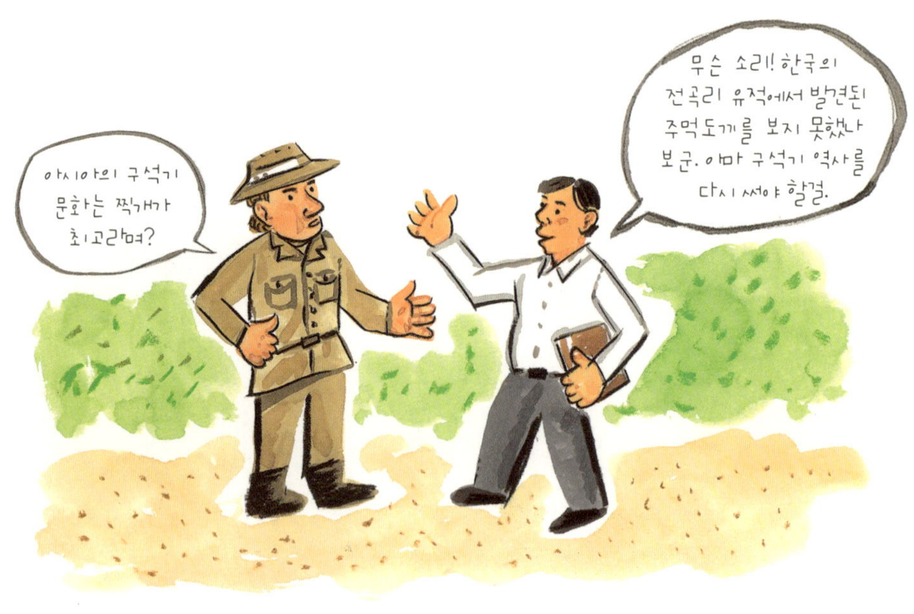

그리하여 1981년, 미야기 현에서 고고학자 후지무라가 4만 년 전의 석기 유적을 발굴한 것을 시작으로, 20여 년 동안에 수십만 년 전으로 거슬러 올라가는 구석기 유적들을 잇달아 발견했다. 그러한 업적으로 일본에서는 후지무라를 '고고학계의 신의 손'이라 불렀고, 일본의 구석기 역사가 한국보다 빠르다고 교과서에까지 실었다.

그러나 2000년 11월, 마이니치 신문을 펴 든 일본 사람들은 깜짝 놀랐다. 일본의 구석기 시대를 70만 년 전까지 끌어올린 후지무라의 구석기 유적 발굴이 모두 거짓이라는 기사가 실렸던 것이다. 아울러 그가 새벽에 몰래 발굴 현장에 자기가 만든 석기를 파묻는 사진까지 공개되었다.

발굴 작업 때마다 일본 구석기 시대의 역사를 바꾸었던 후지무라는 그동안 미국을 비롯한 다른 나라에서 함께 발굴하자고 해도 한사코 거절한 채 혼자 발굴하겠다고 고집을 부렸다. 그런 후지무라를 미심쩍게 여긴 한 신문사가 끈질기게 추적한 끝에 모든 것이 후지무라가 꾸며 낸 일임을 밝혀냈다. 한국이나 중국보다도 더 오랜 역사를 가졌다는 환상에 젖어 있던 일본 사람들은 하루아침에 세계의 웃음거리가 되고 말았다.

하지만 그 뒤에도 일본의 몇몇 학자는 후지무라가 꾸며 낸 것이 아니라 사실이라고 우겼으나, 과학적인 조사를 거쳐 결국 모든 것이 거짓이었음이 다시 한 번 확인되었다. 후지무라는 결국 고고학계에서 쫓겨났고, 일본의 교과서와 역사책 내용도 뜯어고치게 되었다.

후지무라가 20여 년이나 대담하게 유물 조작을 할 수 있었던 것은, 학자의 양심보다 나라의 이익을 먼저 앞세웠기 때문이다. 또한 어느 민족보다 일본 민족이 우수하다는 자국 우월주의에서 나온 그릇된 행동이기도 하다.

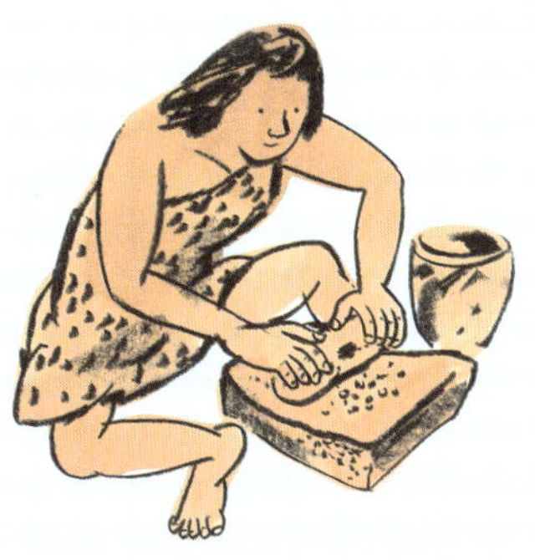

전곡리 유적은 어떻게 발견되었을까?

    1978년 1월 어느 날, 주한 미군으로 근무하던 그랙 보웬은 애인과 함께 연천 전곡리 한탄강변 유원지에 놀러 갔다가 우연히 석기 몇 점을 발견했다.

    대학에서 고고학을 공부하다 군대에 들어온 보웬은 첫눈에 이 석기들이 보통 석기가 아니란 것을 알았다. 그래서 유명한 구석기 시대 학자인 프랑스의 보르드 교수에게 편지를 보냈다. 보르드 교수는 그 석기들을 서울대학교에 가져가 보라는 답장을 보내 왔다.

    보웬은 그해 4월에 서울대학교 고(故) 김원룡 교수를 찾아가 석기들을 보여 주었고, 김 교수는 서둘러 현장을 둘러본 뒤 전곡리에서 아슐리안 형 주먹도끼가 발견

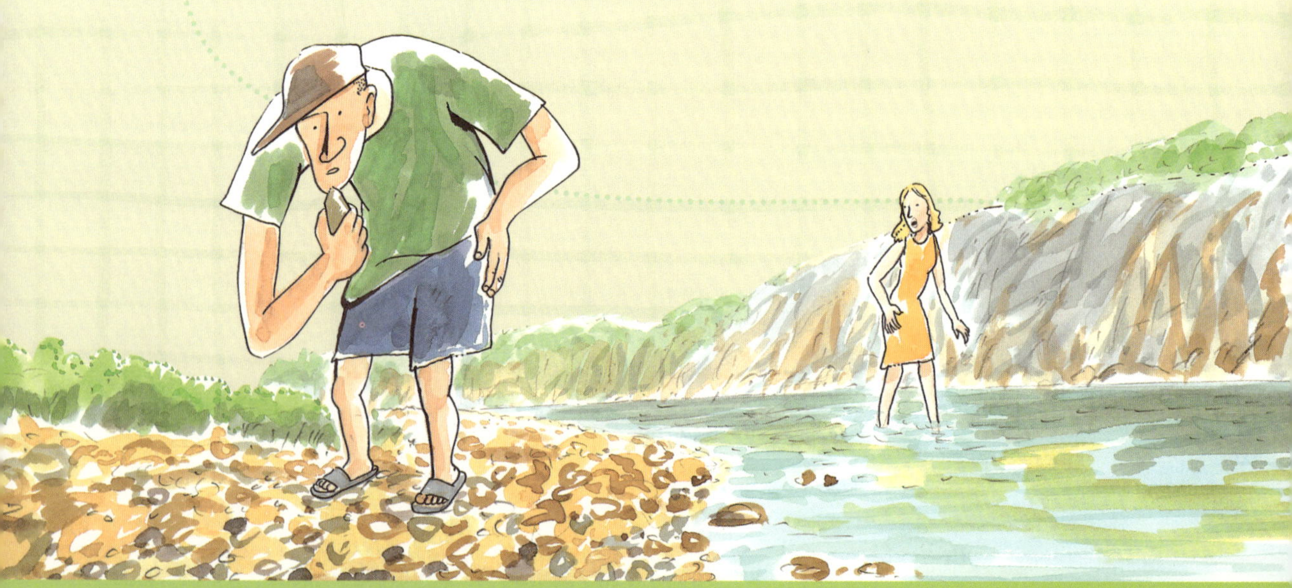

되었다고 발표했다.

　이어서 발굴 조사단이 구성되었고, 1979년부터 본격적인 발굴이 시작되었다. 하지만 이 유적이 정말 20~30만 년 전 구석기 시대의 유적인가 하는 의문은 끊이지 않았다. 그리하여 국립 문화재 연구소는 1982년에 세계적인 구석기 시대 권위자인 미국의 클라크 교수를 초청하여 전곡리 유적의 주먹도끼를 살펴보게 했다. 클라크 교수는 이 유적이 26~27만 년 전의 구석기 시대 유적일 가능성이 높다는 의견을 내놓았다.

　연천 전곡리 유적은 그동안 열한 차례에 걸쳐 꾸준한 발굴과 조사가 이어졌다. 그런데도 이 유적이 20~30만 년 전 것이라는 주장과 4~5만 년 전 것이라는 주장이 맞서 왔다. 그러다 최근에 일본과 중국의 학자들이 30만 년 전의 유적으로 보인다는 연구 결과를 잇달아 발표하면서 그 문제는 정리가 되어 가는 듯하다.

　이제 연천 전곡리 유적은 꾸준한 발굴과 연구 성과에 힘입어 세계적인 전기 구석기 시대 유적으로 자리를 잡았으며, 영국에서 펴내는 세계 고고학 지도에도 실리는 영예를 안았다.

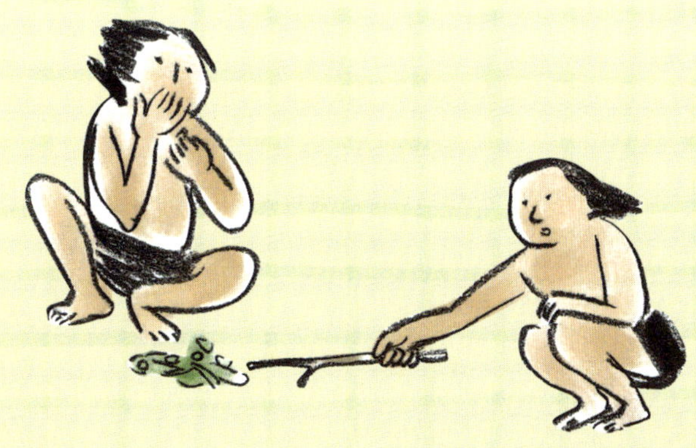

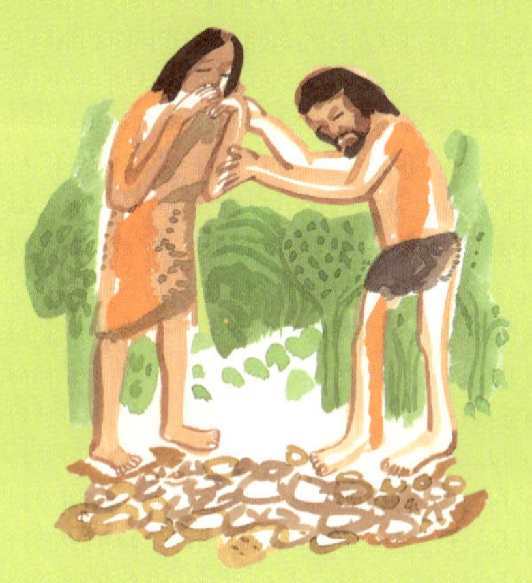

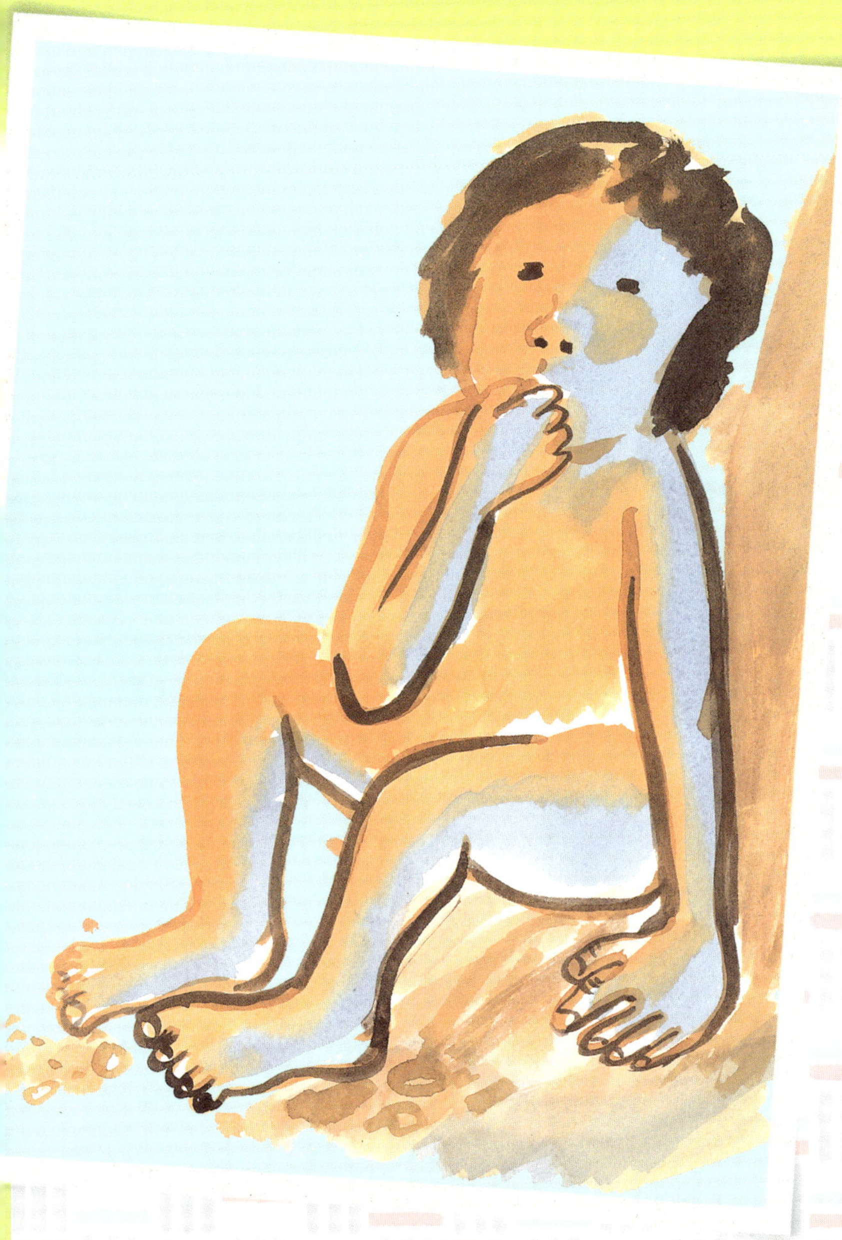

인류의 이동 과정, 생김새, 지능 등 인류의 다양한 진화 과정을 알 수 있는 것은 사람의 뼈 화석 덕분이다.
또한 죽은 사람에 대한 장례는 그 시대의 풍습과 종교, 사후 세계에 대한 생각을 알게 해 주는 중요한
열쇠이다. 구석기 시대의 장례 풍습은 어떠했을까?

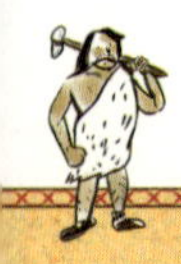

도널드 요한슨 교수와 그의 제자들이 에티오피아 하다르에서 발견한 가장 오래된 사람 뼈 조각으로 이 뼈 조각들을 맞춰 보니 여성의 모습이었다. 이를 축하하던 자리에서 비틀즈의 '다이아몬드 밤하늘의 루시' 라는 노래가 흘러나왔다. 그때, 누군가가 이렇게 외쳤다. "저 여자 이름을 루시라고 하자!" 그래서 가장 오래된 인류의 화석은 '루시' 라고 불리게 되었다. 또 루시가 발견된 아파르 골짜기의 이름을 따서 '오스트랄로피테쿠스 아파렌시아' 라는 학명도 얻게 되었다.

1974년, 미국의 고인류학자 도널드 요한슨은 에티오피아 하다르에서 수십 개의 사람 뼈 조각을 찾아냈다. 90cm 정도의 키에 스무 살 가량의 여자로 보이는 이 뼈 화석은 '루시' 라고도 불리는데, 바로 300~400만 년 전에 살았던 인류의 조상이다.

루시는 오늘날의 인류와 비교하면 키, 몸무게, 생김새, 두뇌 크기 등에서 매우 다르다. 그래도 두 팔을 쓰고, 등뼈가 에스(S) 자 모양으로 굽긴 했지만 서서 걸을 수 있었다. 생김새가 사람보다는 원숭이에 가까웠지만, 침팬지보다는 사람에 가깝고 걷기에 편한 몸 구조를 지녔던 것으로 보인다.

인류의 진화 과정이 담긴 뼈 화석

루시에 이어 100만 년쯤 전에는 곧선 사람이 나타났다. 곧선 사람은 오스트랄로피테쿠스보다 두뇌 크기도 커졌고, 똑바로 서서 걸을 수 있었다. 이들은 유럽이나 중국, 인도네시아 자바 섬 등지에서 발견되었으며, 우리나라의 상원 검은모루 동굴에 살았던 사람들도 곧선 사람이었다.

그 뒤 세계 곳곳으로 이동하기 시작한 인류는 10만 년쯤 전에 슬기 사람으로 나타났다. 슬기 사람은 유럽과 중동을 중심으로 전 세계에 고루 퍼져 살았다. 그리고 지금 우리와 같은 생김새와 지능을 갖춘 인류가 등장한 것은 3만~4만 년 전이다. 슬기 슬기 사람이라고 불린 이들은 오늘날 인류의 직접 조상이다.

이처럼 인류의 진화 과정을 살펴볼 수 있는 것은 곳곳에서 발견되는 사람 뼈 화석 덕분이다. 루시를 비롯한 인류의 뼈 화석이 오랜 세월 동안 썩지 않았던 것은 바로 석회암 지대에 묻혀 있었기 때문이다. 석회암 지대에서는 석회암의 중화 작용 때문에 사람 뼈가 썩지 않고 보존되는 경우가 있다.

우리나라에서도 남한과 북한의 석회암 지대 10여 곳에서 구석기 시대의 사람 뼈가 발견되었다. 그중 청원 두루봉 동굴에서 찾아낸 '흥수 아이'는 구석기 시대 사람들도 장례를 치렀다는 것을 보여 주는 귀중한 유적이다.

청원 두루봉 동굴

충청북도 청원의 두루봉 동굴은 1976년에 석회암을 캐내려고 폭파 작업을 하다가 발견되었다. 두루봉 주변은 석회암 지대로 동굴이 많이 있었는데, 구석기 시대 사람들은 이 동굴들을 집터로 사용했다. 석회암 을 캐내는 과정에서 동굴 유적들이 많이 파괴되었으나 2굴, 9굴, 15굴, 새굴, 처녀굴, 흥수굴 등에서 구석기 유물들이 나왔다.

2굴에서는 5명 정도 되는 한 가족이 6년 넘게 살았던 것으로 밝혀졌

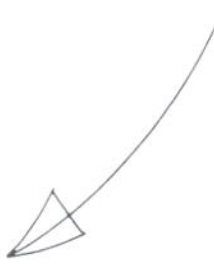

동굴곰 복원 모습
청원 두루봉 동굴에서 발견된 동굴곰 뼈를 하나하나 맞춰 원래의 모습으로 복원한 것이다. 이 동굴곰은 제물로 사용되었을 것으로 추정하고 있다.

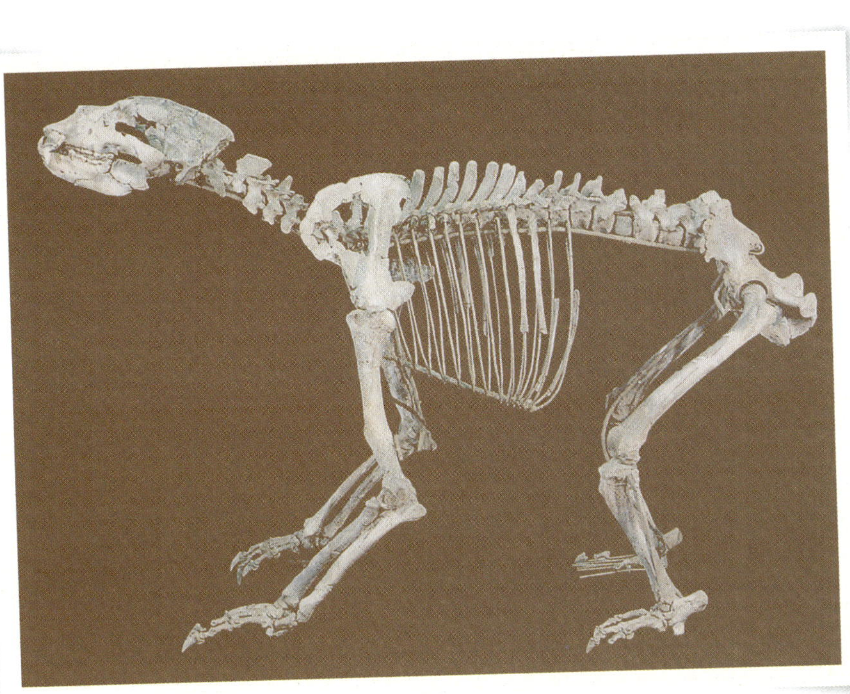

구석기 시대 사람들은
사나운 짐승을 사냥할 때
무리를 지어 서로 힘을
합했다. 이때 손발을 맞춰
사냥을 보다 쉽고 안전하게
하기 위해 나름대로 어떤
약속된 언어를 사용했을
것이다. 아울러 상대방을
부르는 이름도 있었을
것이다.
서부 개척 시대 아메리카
인디언들의 생활을 그린
'늑대와 함께 춤을' 이란
영화를 보면 영화 제목이
바로 주인공의 이름이다.
그처럼 구석기 시대
사람들도 뜨는 별, 지는 달,
더운 해, 큰 바위처럼
자연현상이나 주변 사물의
이름을 따서 저마다 이름을
만들어 부르지 않았을까?

다. 그들은 사슴을 주로 잡아먹었고, 진달래꽃을 따다 동굴 모서리를 장식할 줄도 알았다. 또한 사슴, 소, 쌍코뿔소, 하이에나, 원숭이 같은 동물 뼈 화석과 긁개, 망치 따위의 석기들이 나왔다. 2굴에서 나온 여러 뼈 화석에는 자른 자국이 그대로 남아 있어 당시의 사냥을 이해하는 데 큰 도움을 준다.

9굴에서는 사슴, 원숭이, 멧돼지 등의 동물 뼈 화석과 긁개, 찍개 등의 석기가 나왔고, 15굴에서는 집터의 흔적이 발견되었다. 15굴 사람들은 4개의 큰 바위와 굽은 나무로 막집을 짓고 살았던 것으로 보이며, 집터 안쪽에는 숯을 사용한 화덕 자리가 있었다.

새굴은 15굴을 조사하다가 우연히 찾아냈는데, 새롭게 찾은 굴이라고 하여 그런 이름이 붙었다. 여기에서는 옛코끼리의 어금니와 쌍코뿔소, 원숭이, 하이에나, 사슴 등의 동물 뼈 화석이 나왔다. 또 사슴 머리뼈와 사슴뿔 목걸이가 한 곳에서 나왔는데, 사슴과 관련한 어떤 의식이 있었던 것으로 보인다.

특히 옛코끼리의 상아에는 사람이 손질한 흔적이 있어 눈길을 끌었는데, 이러한 코끼리는 어른 남자 16명 이상이 몰이사냥을 해야만 잡을 수 있었다. 이처럼 당시의 생활 모습을 알 수 있는 중요한 자료인 코끼리 뼈 화석은 지금까지 남한에서는 오직 청원 두루봉 동굴에서만 발견되었다.

처녀굴에서는 사슴뿔을 가운데에 두고 쌍코뿔소의 아래턱과 동굴곰의 뼈 화석이 나란히 동쪽을 향해 놓여 있었다. 이곳 역시 어떤 의식을 치렀던 곳으로 짐작된다.

홍수굴에서는 어린아이 두 명의 뼈와 함께 멧돼지, 사슴 등의 동물 뼈 화석이 나왔다. 아울러 찍개, 주먹도끼, 사냥돌, 긁개 등의 석기도 나왔다.

이처럼 여러 개의 동굴로 이루어진 청원 두루봉 유적에서는 다양한 구석기 시대의 유물이 나왔다. 갖가지 석기, 그 석기를 이용해서 잡은

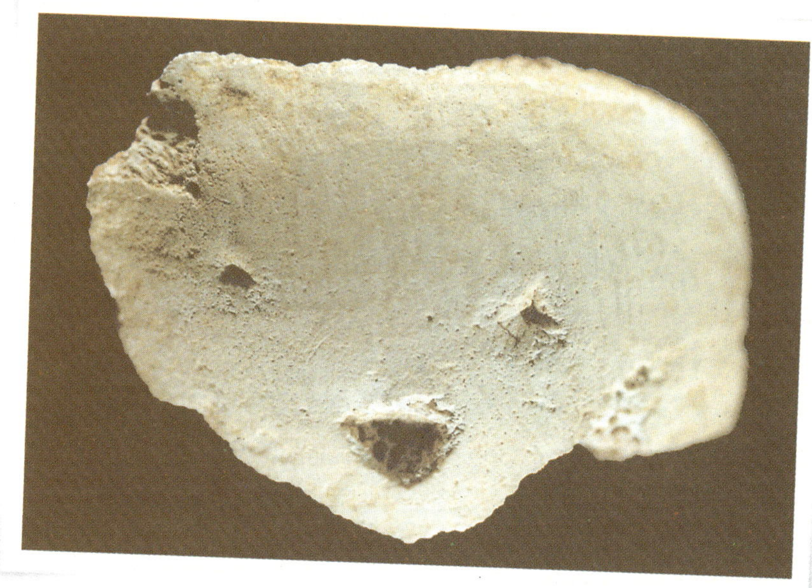

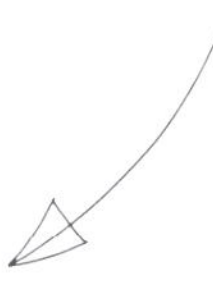

사슴뼈 인물 조각
20만년 전 구석기 시대 사람들이
사슴뼈에 새긴 조각으로 세계에서
가장 오래된 인물 조각상이다.

동물 뼈 화석, 또 동물의 뼈로 만든 도구 등이 함께 발굴되어 당시 사람들의 생활을 폭넓게 전해 주고 있다.

구석기 시대의 장례 풍습

죽은 사람을 어떻게 할 것인가? 이 문제는 옛날이나 지금이나 변함없이 큰 문제이다. 죽은 사람에 대한 장례는 그 시대의 풍습과 종교, 사후 세계에 대한 생각을 알게 해 주는 중요한 열쇠이다. 이러한 장례 풍습은 같은 문화권 안에서는 오랜 세월이 흘러도 쉽게 변하지 않는 특성을 지녔다.

죽은 사람을 묻는 방법은 여러 가지가 있다. 가장 많이 쓰이는 방법이 구덩이를 파고 시체를 묻는 구덩무덤이다. 우리나라에는 최초의 무덤 양식이라고 할 수 있는 구덩무덤 말고도 고인돌, 돌널무덤, 돌무지무덤, 독무덤 등과 함께 화장, 풍장, 조장 등 다양한 장례 풍습이 있었다.

청원 두루봉 유적의 흥수굴은 구석기 시대의 장례 풍습을 알려 주는 유적이다. 흥수굴은 김흥수라는 사람이 발견하여 붙여진 이름이다. 그래서 이곳에서 나온 어린아이의 뼈도 '흥수 아이'라고 불리게 되었다. 흥수 아이는 4만 년쯤 전에 묻힌 것으로 짐작된다.

조사 결과에 따르면, 흥수 아이는 5살 무렵 이 동굴 안에서 죽은 것으로 보인다. 이 아이는 머리뼈가 좁고 길며, 몸에 비해 머리뼈가 크고, 두뇌 용량은 1,200~1,300cc, 키는 110~120cm 정도였다. 흥수 아이의 머리뼈는 슬기 슬기 사람과 현대인의 특징을 함께 지녔으며, 다리는 안짱다리처럼 안으로 굽어 있었다.

흥수 아이가 발견되자 온 세계가 관심을 보였다. 그 까닭은 이 아이가 구석기 시대의 장례 풍습을 잘 보여 주기 때문이다. 1983년, 처음 발굴되었을 때 흥수 아이는 평평한 석회암 바위 위에 누워 있었다. 시체를 반듯하게 누이고 그 위에 고운 흙을 뿌린 것도 확인되었는데, 이

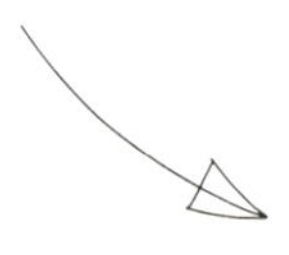

흥수 아이 뼈
청원 두루봉 유적에서 발견된
구석기 시대 아이의 뼈이다.
발견한 사람의 이름을 붙여
'흥수 아이'로 불린다.

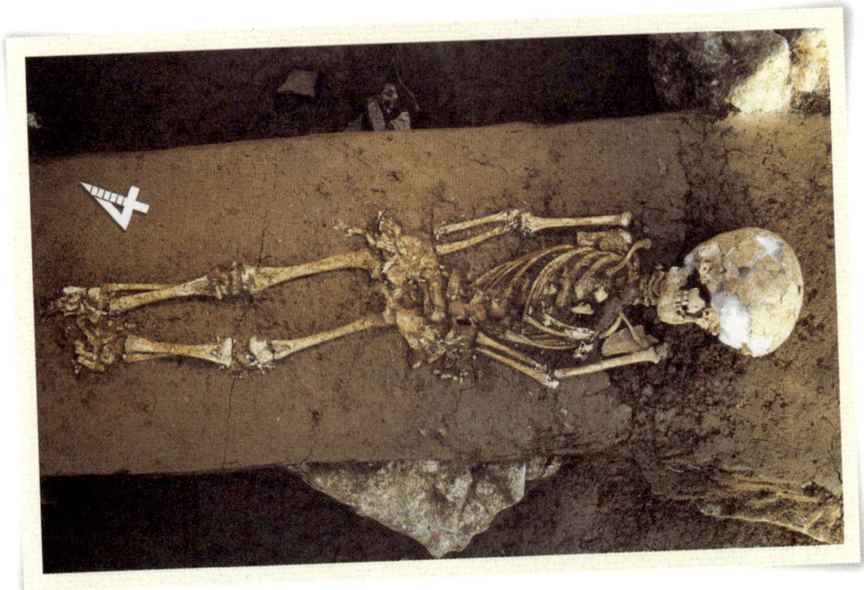

는 시체를 함부로 다루지 않고 고이 장례를 치러 주었음을 나타내는
것이다.

더욱 흥미로운 것은 유골 곁에서 여러 가지 꽃가루가 발견되었다는
점이다. 꽃가루 중에는 국화 꽃가루가 가장 많았는데, 국화꽃으로 시체
를 장식했으리라는 짐작도 가능하다. 동굴 주변은 국화가 자라기에는
알맞은 환경이 아니므로 다른 곳에서 일부러 꺾어 왔을 것이며, 아이도
국화꽃이 피는 가을철에 죽었을 것으로 짐작된다.

또 동굴 입구에서는 진달래 꽃가루도 많이 발견되었다. 진달래 역시
이곳에서는 자라기 힘든 식물이므로 아마도 다른 곳에서 꺾어 왔을 것
이다. 이로써 청원 두루봉 동굴에 살았던 구석기 시대 사람들은 죽은
사람에게 꽃을 바칠 정도로 아름다움을 알았던 사람들이라 여겨진다.

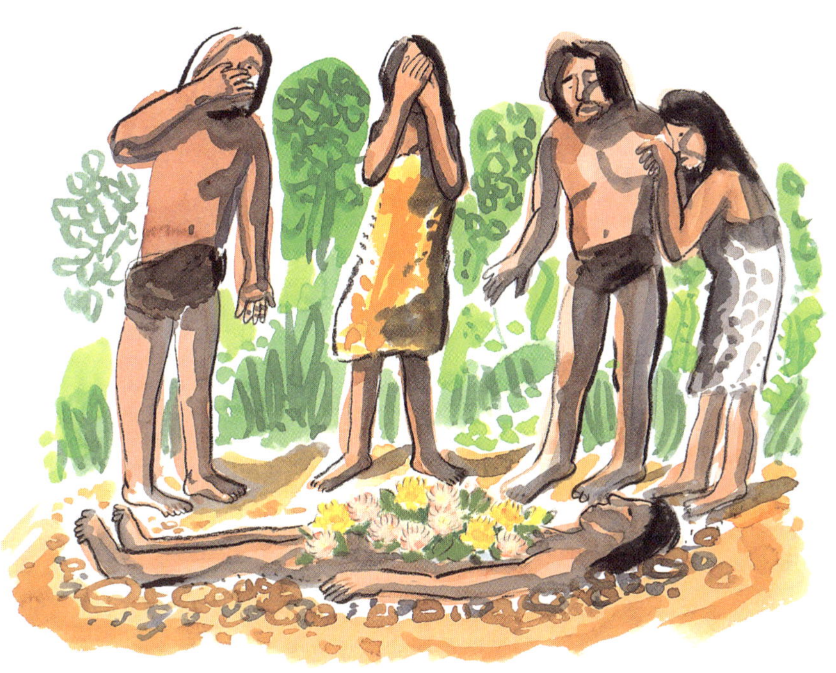

꽃을 사랑한 첫 번째 사람들

청원 두루봉 동굴의 2굴은 36개 층위로 되어 있는데, 그중 문화층인 7층에서 지금은 없어진 오록스·쌍코뿔소·큰원숭이·큰꽃사슴 등 46종의 동물뼈 화석이 출토되었다. 그리고 7층을 포함한 다른 22개 층위에서 진달래 꽃가루를 비롯한 여러 가지 꽃가루가 나왔다.

특히 전체 꽃가루의 약 80%에 가까운 꽃가루가 나온 7층에서는 진달래 꽃가루가 무더기로 채집되었다.

이러한 사실은 6만 년 전 이라크의 샤니다르 동굴에 살았던 네안데르탈인이 무덤에 꽃을 쓴 것보다 두루봉 동굴 주인이 먼저 꽃을 사용했음을 알 수 있다.

이렇게 진달래꽃을 꺾어다 동굴 입구에 놓을 줄도 알았던 구석기 시대 사람들은

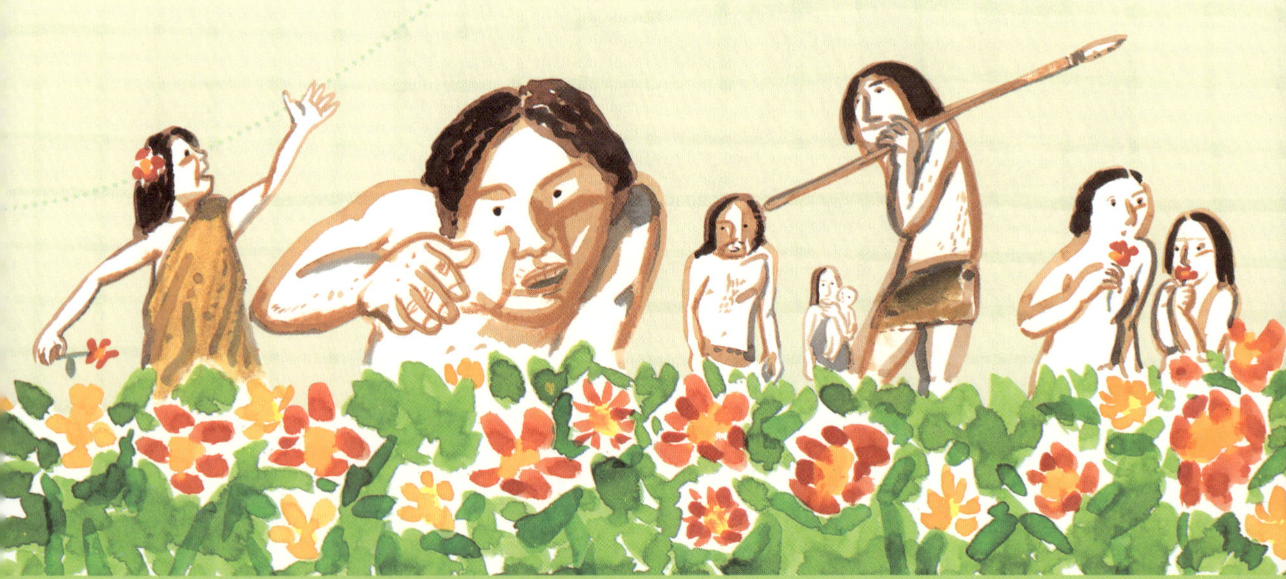

나름대로 아름다움을 보는 눈을 가졌던 것이다. 그래서 동굴을 조사한 학자들은 이곳에서 살았던 구석기 시대 사람들을 '꽃을 사랑한 첫 번째 사람들'이라 불렀다. 그리고 이 '꽃을 사랑한 첫 번째 사람들'의 생활 모습을 상상하여 그린 그림이 중학교 국사 교과서에 실리기도 했다.

청원 두루봉 동굴이 처음 알려진 것은 1976년 광산회사에서 석회암을 채취하기 위해 발파를 하던 중 예사롭지 않은 뼈들이 발견되면서부터이다. 이후 처녀굴, 곰굴, 새굴, 홍수굴 등 1983년까지 활발한 발굴 작업이 이루어져 값진 구석기 시대 유물들이 쏟아져 나왔다.

하지만 그럼에도 불구하고 석회암 광산 개발이 허가되었고, 석회암을 채취하는 과정에서 세계적인 유적지는 흔적도 없이 사라져 버렸다.

이처럼 소중한 우리의 문화유산이 인간의 욕심 때문에 개발이라는 이름으로 훼손되고 사라지는 것이 현실이다. 우리의 역사이자 미래인 소중한 유물과 유적을 보존하는 데 좀 더 많은 관심이 필요한 때이다.

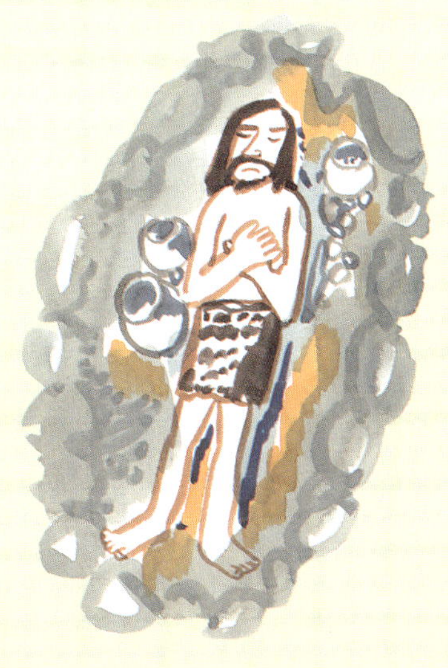

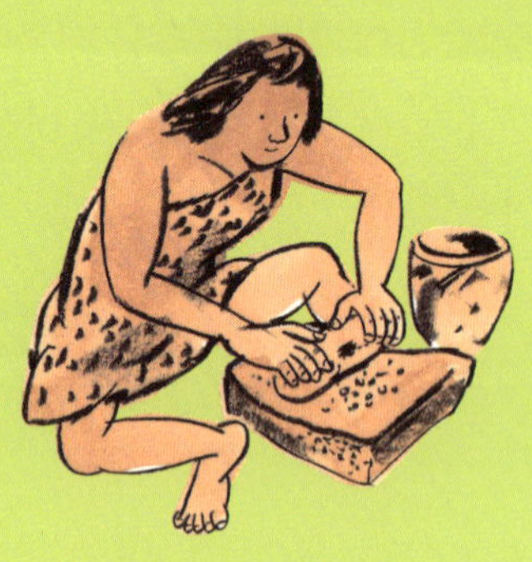

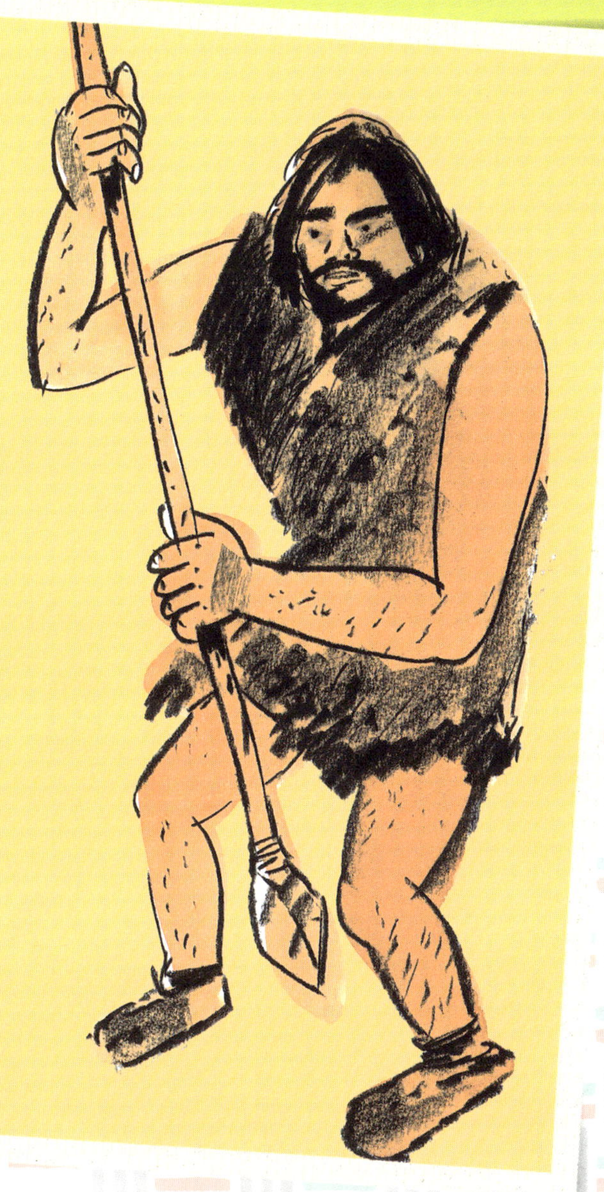

지구의 기온이 점점 올라가기 시작할 무렵인 기원전 8000년경, 후기 구석기 시대가 끝나고 뗀석기를 다른 돌에 갈아서 도구로 사용했던 신석기 시대가 시작되었다.

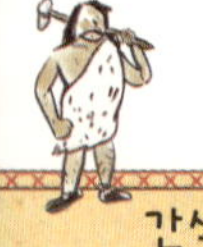

투박한 뗀석기를 용도에 맞게
날카롭게 갈거나 매끈하게
다듬은 석기를 말한다. 돌을
갈아서 만들었다는 뜻으로
'마제 석기'라고도 한다.

구석기 시대에는 돌을 깨뜨리거나 때려내어 도구를 만들었지만, 뒤이은 신석기 시대에는 새롭게 돌을 갈아 만든 석기를 함께 사용했다. 아울러 뼈연장과 흙으로 빚은 토기가 처음으로 등장했다.

후기 구석기 시대가 끝나고 기온이 점점 올라가기 시작할 무렵인 1만 ~1만 5000년 사이에 우리나라에 중석기 시대가 있었다는 주장이 있다. 실제로 홍천 하화계리와 통영 상노대도 등의 유적을 중석기 시대의 대표적인 유적으로 꼽는 학자도 있다. 그러나 학자들 사이에 의견이 서로 달라 우리나라에 중석기 시대가 있었다고 하는 것은 아직 문제로 남아 있다.

우리나라의 신석기 시대

우리나라의 신석기 시대는 기원전 8000년 무렵에 처음 시작되었으며, 유적지에서 발견된 토기의 모양과 무늬에 따라 전기, 중기 후기로

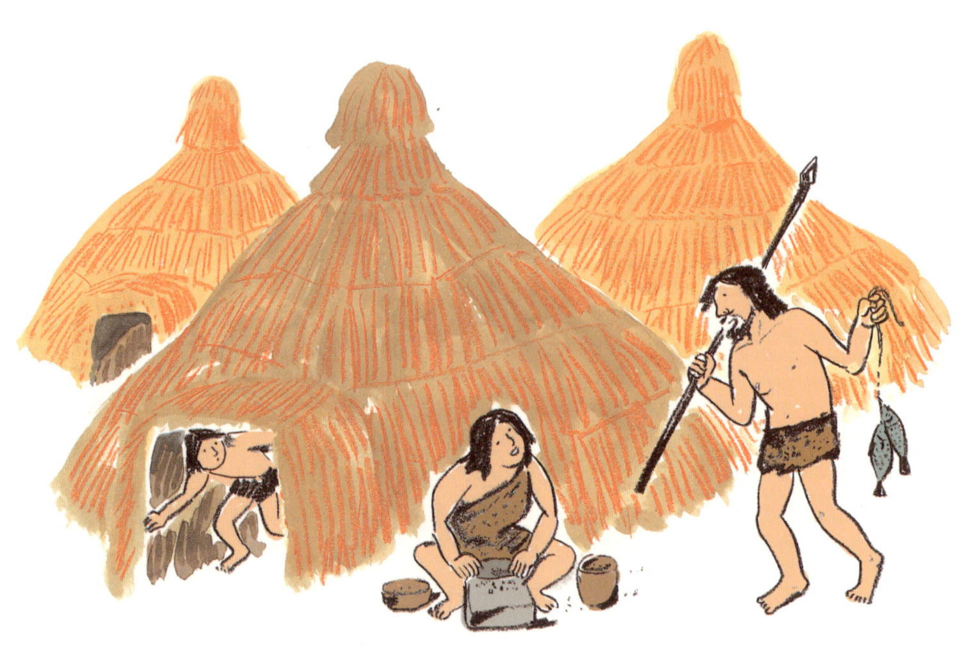

구분하는데, 대개 기원전 2000~1000년 무렵까지 이어진 것으로 보인다. 지금까지 알려진 신석기 시대의 유적은 무려 150곳이 넘는다.

신석기 시대 사람들은 강가나 바닷가에 움집을 짓고 살았으며, 사냥과 식물 채취, 농사와 고기잡이, 조개류 줍기 등으로 먹을거리를 마련했다. 그리고 돌을 갈아서 만든 간석기와 뼈연장과 토기를 만들어 썼다.

이들은 씨족 단위로 부족을 이루어 함께 생산하고 함께 나누어 먹었다. 태양이나 물 같은 자연, 또는 특정한 동식물을 부족의 수호신으로 모시기도 했고, 무당을 통해 병을 고치고 하늘에 소원을 빌면서 살기도 했다.

신석기 시대에 썼던 도구들

신석기 시대의 가장 큰 특징 중 하나는 토기의 등장이다. 이 시기의 토기는 진흙을 그냥 손으로 주물러 빚거나 진흙 띠를 감아 올려 모양을 만든 뒤, 그늘에서 말려 불에 구웠다.

당시 사람들이 처음으로 만든 토기는 이른 민무늬 토기이다. 겉면에 아무런 무늬가 없는 이 토기는 진흙에 풀 같은 것을 섞어서 빚었는데, 그렇게 하면 토기를 단단하게 만들 수 있었던 듯하다. 그 뒤로 만들어진 토기는 겉면에 무늬를 넣는 방법에 따라 덧무늬 토기와 빗살무늬 토기로 크게 나눌 수 있다.

덧무늬 토기는 겉면의 흙을 도드라지게 하거나 덧띠를 붙여 무늬를 만들었는데, 부산 동삼동과 통영 상노대도 등에서 빗살무늬 토기보다 먼저 발견되었다. 덧무늬 토기는 주로 동해안과 남해안 지역에서 나왔는데, 이외에 강원 양양 오산리나 전라남도 흑산도 등에서도 발견되었다.

빗살무늬 토기는 빗처럼 생긴 무늬 새기개로 토기 겉면을 누르거나 찍거나 그어서 갖가지 기하학무늬를 넣은 토기이다. 무늬의 종류는 생선뼈무늬, 문살무늬, 손톱무늬 등 여러 가지이다. 빗살무늬 토기는 우

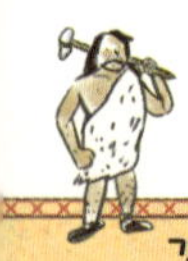

넓적한 갈판 위에 도토리 같은 열매나 낟알을 놓고 갈돌을 앞뒤로 움직여 껍질을 벗기거나 가루를 냈다. 이러한 가루로 신석기 시대 사람들은 죽을 끓이거나 오늘날의 떡과 비슷한 음식을 만들어 먹었다.

리나라 곳곳에서 발견되어 신석기 시대의 대표적인 토기로 꼽힌다.

신석기 시대의 또 다른 특징은 간석기를 만들어 썼다는 점이다. 전기 신석기 시대에 이미 간석기를 만드는 방법이 나타났지만 여전히 뗀석기가 쓰이다가, 중기 신석기 시대부터 간석기가 널리 쓰이게 되었다.

당시의 석기로는 사냥 도구인 돌화살촉, 돌창, 돌칼, 돌도끼가 있고, 고기잡이 도구로는 이음낚시, 그물추, 작살이 있다. 농사 도구나 연장으로는 돌도끼, 돌끌, 돌보습, 돌괭이, 반달돌칼, 갈돌과 갈판 등이 있다. 이들 석기 말고도 동물 뼈나 물고기 뼈로 만든 낚싯바늘, 바늘, 송곳 등의 뼈연장도 있다. 이처럼 신석기 시대 사람들은 여러 가지 토기와 간석기를 썼고, 그에 따라 생활은 이전보다 훨씬 나아졌다.

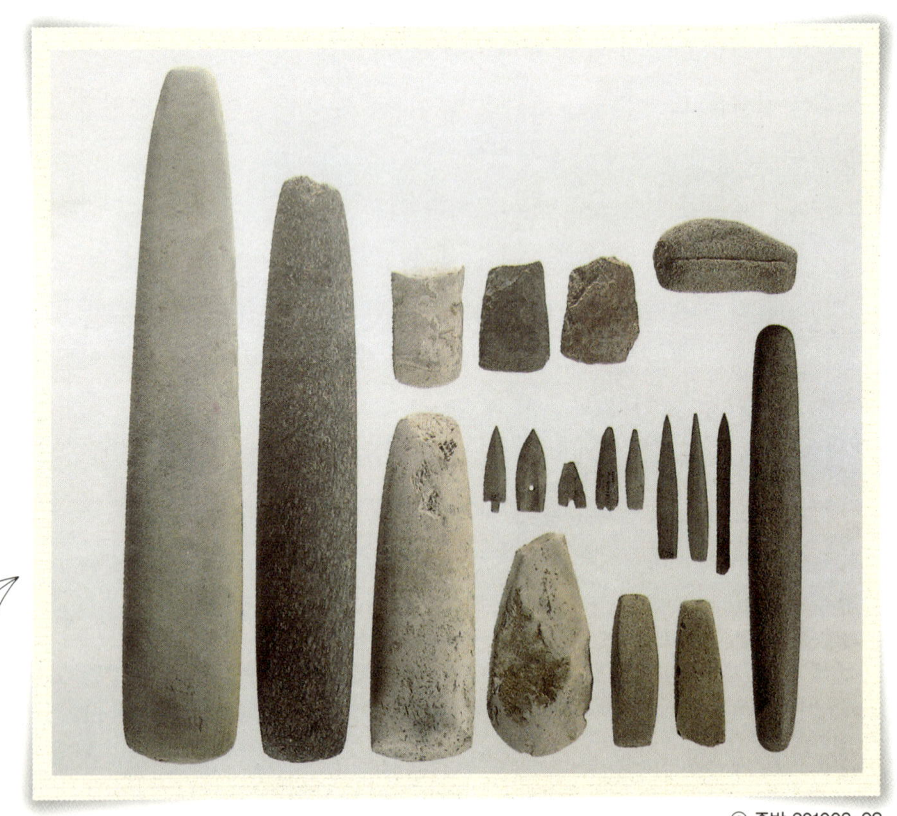

신석기 시대 간석기

ⓒ 중박 201003-98

가축을 기르고, 농사도 짓고

신석기 시대에는 구석기 시대처럼 옮겨 다니지 않고 강가나 바닷가에 움집을 짓고 붙박이로 살았다.

이때의 움집은 땅을 30~100cm 정도 파고 지었는데, 땅을 판 것은 추위를 피하기 위해서였다. 움집의 크기는 대부분 20m² 정도로, 바닥에는 부드러운 풀이나 짐승 가죽을 깔았다. 집터 크기에 별 차이가 없고 거기서 나오는 유물도 엇비슷한 점으로 미루어 보아 당시에는 가난한 사람과 부유한 사람, 높은 사람과 낮은 사람의 구분이 없었던 것으로 생각된다.

신석기 시대 사람들은 먹을거리를 얻기 위해 구석기 시대부터 해 오던 사냥과 고기잡이, 채집 활동을 계속했다. 그러다가 후기 신석기 시대에는 농사를 지어 부족한 식량을 보충했다.

당시 사람들은 활과 화살을 이용해 먼 거리에서도 짐승을 사냥하는 방법을 알고 있었다. 그렇게 잡은 짐승으로는 먹을거리뿐만 아니라 뼈나 뿔, 가죽 등을 이용해서 일상생활에 필요한 물건들까지 만들어 사용했다. 그리고 신석기 시대의 유적에서 사슴, 멧돼지, 고라니 등 여러 동물의 뼈가 발견된 것으로 보아 당시의 자연환경이 오늘날과 비슷했음을 짐작할 수 있다.

한편, 바닷가에 살았던 사람들은 곳곳에 조개더미를 남겼다. 조개더미에서는 갖가지 조개껍데기와 물고기 뼈, 동물 뼈와 함께 신석기 시대 사람들이 썼던 도구가 나와 당시 생활 모습을 보여 주고 있다. 그들은 작살·창·낚시·그물 등으로 고기를 잡았으며, 먼 바다까지 나가 이음낚시 바늘로 커다란 물고기도 잡았다. 또 조가비로는 팔찌나 사람 얼굴 모양의 예술품을 만들었는데, 부산 동삼동 조개더미에서는 1,500여 점이나 되는 조개 팔찌가 나오기도 했다.

앞서 말한 것처럼 신석기 시대 사람들은 사냥, 고기잡이와 함께 식물을 채취하여 먹을거리를 마련했다. 부산 동삼동, 서울 암사동, 경기도

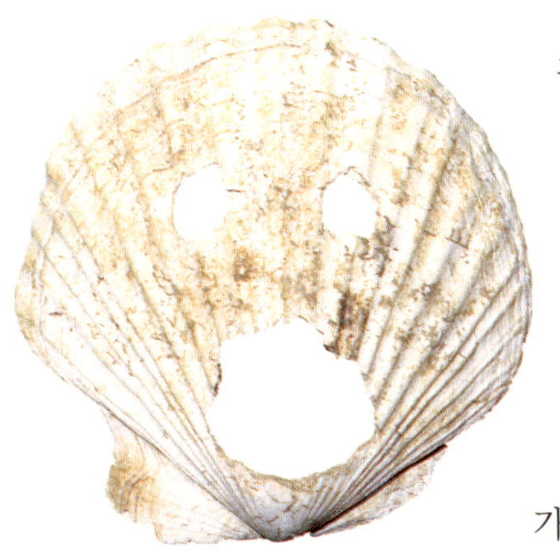

광주 미사리, 경상남도 합천 봉계리, 경상남도 창녕 비봉리 등의 유적에서는 도토리가 나왔고, 그 밖에 호두나 식물의 씨앗 등도 더러 나왔다.

최근에 발굴된 창녕 비봉리 유적을 보면, 당시 사람들이 집 안에 저장 구덩이를 만들어 도토리 같은 열매를 저장했음을 알 수 있다.

또한 신석기 시대 사람들은 기원전 3000년 무렵부터 가축을 기르고 농사를 짓기 시작했던 것으로 보인다. 황해도 봉산 지탑리 유적에서는 돌도끼, 돌낫, 갈돌과 함께 불에 탄 피와 조가, 함경북도 청진 범의구석 유적에서는 피와 기장이, 함경북도 회령 오동 유적에서는 피와 콩과 팥이 발견되어 그런 추측을 뒷받침해 준다.

그리고 후기 신석기 시대에 해당하는 기원전 2000년 무렵에는 경기도 김포 가현리와 여주 흔암리 유적에서 불에 탄 볍씨가 발견되어, 일부 지방에서는 그때부터 이미 벼농사가 시작되었음을 알려 준다.

신석기 시대의 신앙과 예술

신석기 시대 사람들은 곰, 호랑이 등 특정한 동물을 자기 씨족의 조상이나 수호신으로 생각했다. 그래서 그런 동물을 받들어 모셨는데, 이런 것을 '토테미즘(totemism)' 이라고 한다.

그들은 또 해, 달, 산, 바다, 나무, 바위 같은 자연물은 물론 모든 우주 만물에 영혼이 깃들어 있다고 믿었다. 이런 '애니미즘(animism)' 을 통해 자연재해를 피하고 풍요로운 생산을 빌었다.

토테미즘, 애니미즘과 함께 '샤머니즘(shamanism)' 도 있었다. 하늘과 인간을 연결시킨다는 무당은 병을 고치고, 제사를 도맡았으며, 죽은 사람을 저승으로 이끄는 역할을 했다.

신석기 시대의 무덤을 살펴보면, 대개 죽은 이의 머리가 동쪽을 향해 놓여 있는데, 이는 해 뜨는 동쪽을 신성하게 여긴 데서 나온 풍습으로 보인다. 또한 죽은 이가 살았을 때 쓰던 물건들을 함께 묻어 주는 풍습도 있었다.

신석기 시대의 예술품에는 당시 사람들의 신앙이 담겨 있다. 이러한 예술품으로는 함경북도 웅기 굴포리 유적에서 나온 뼈로 만든 망아지·뱀·치레걸이와 사람 얼굴 모양의 조각품, 함경북도 청진 농포리 유적에서 나온 새·개·여자 등의 조각품, 부산 동삼동 조개더미에서 나온 사람 얼굴 모양의 조가비, 강원도 양양 오산리 유적에서 나온 진흙으로 만든 사람 얼굴 모양의 조각품 등을 들 수 있다.

이 밖에 다양한 무늬를 새긴 빗살무늬 토기, 최근 부산 동삼동 조개더미에서 발견된 사슴이 그려진 빗살무늬 토기 조각, 경상남도 창녕 비봉리 유적에서 나온 멧돼지 같은 동물이 새겨진 토기 조각 등도 이 시대 사람들의 신앙을 엿볼 수 있는 예술품들이다.

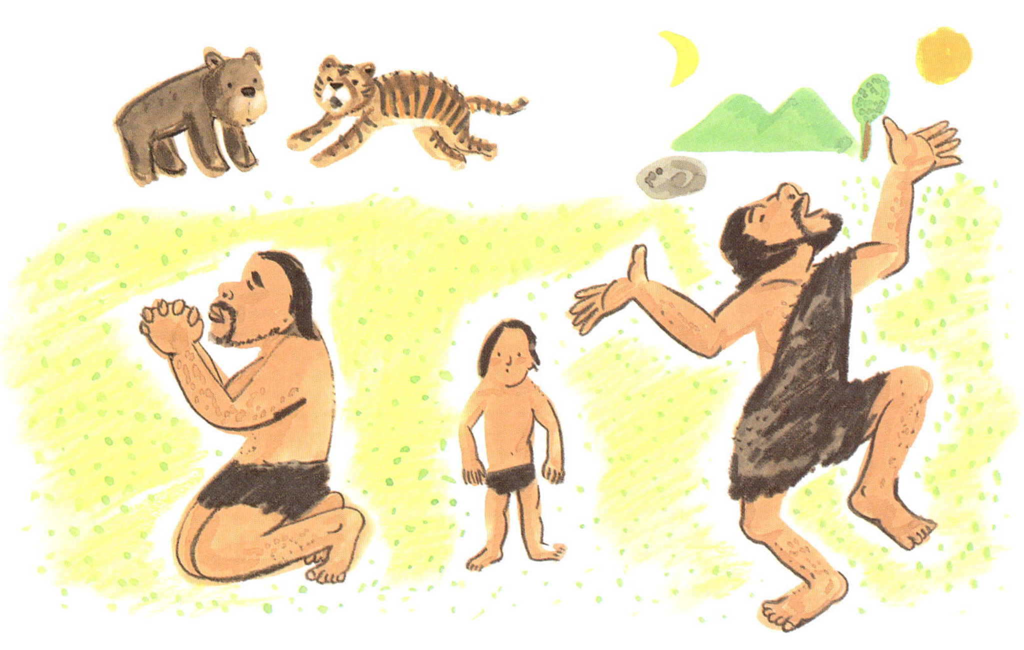

신석기 시대의 움집

신석기 시대가 시작되면서 사람들은 강가나 바닷가에서 생활을 많이 했다. 아직 동굴 집에서 사는 사람들도 있었지만 거의 대부분은 집을 짓고 살았다. 드디어 동굴 주거 시대는 가고, 움집과 같은 수혈 주거의 시대가 온 것이다.

수혈이란, 땅 위에서 적당한 크기로 약 1m까지 파 내려가서 바닥을 평평하게 고른 다음, 기둥을 세워 화덕이나 그 밖의 필요한 시설도 만들고 지붕을 덮어 만든 집을 말한다.

그래서 석기 시대 사람들은 움집을 만들 때 우선 땅을 30~100cm 깊이로 판 다음, 습기를 없애기 위해 바닥 흙을 불에 태워 굳히고, 그 위에 짚으로 엮은 삿자리나 나무껍질을 깔았다.

다음에는 기둥을 세워야 한다. 네 기둥을 도리로 연결해 고정시키고, 그 위에 들보를 가로로 올려놓는다. 들보 위에는 집의 길이에 해당하는 기다란 마룻대를 걸어 그 좌우 경사면에 서까래를 걸친다. 서까래를 걸친 뒤에는 나뭇가지 같은 잔가지를 그 위에 얹는다. 마지막으로 알곡을 털고 남은 짚단으로 지붕을 얹으면 움집이 완성된다.

움집에는 화덕이 있는데 대부분 원형이나 타원형 또는 사각형 모양이 많다. 바닥을 약간 파고 그 둘레에는 길쭉한 돌을 올려놓거나 진흙으로 둑을 쌓아 만든다. 그리고 화덕 옆에는 큰 토기항아리 밑을 수평으로 도려내어 거꾸로 묻은 저장 구덩이 있는 곳이 많다.

　석기 시대 사람들은 이 저장 구덩 바닥에 모래를 깔고, 그 속에 곡물이나 작은 석
기들을 보관했다. 이러한 저장 구덩이 없는 집은 바닥에 작고 얕은 구멍을 파서 그
곳에 밑이 뾰족한 큰 항아리를 세워 사용하기도 했다.

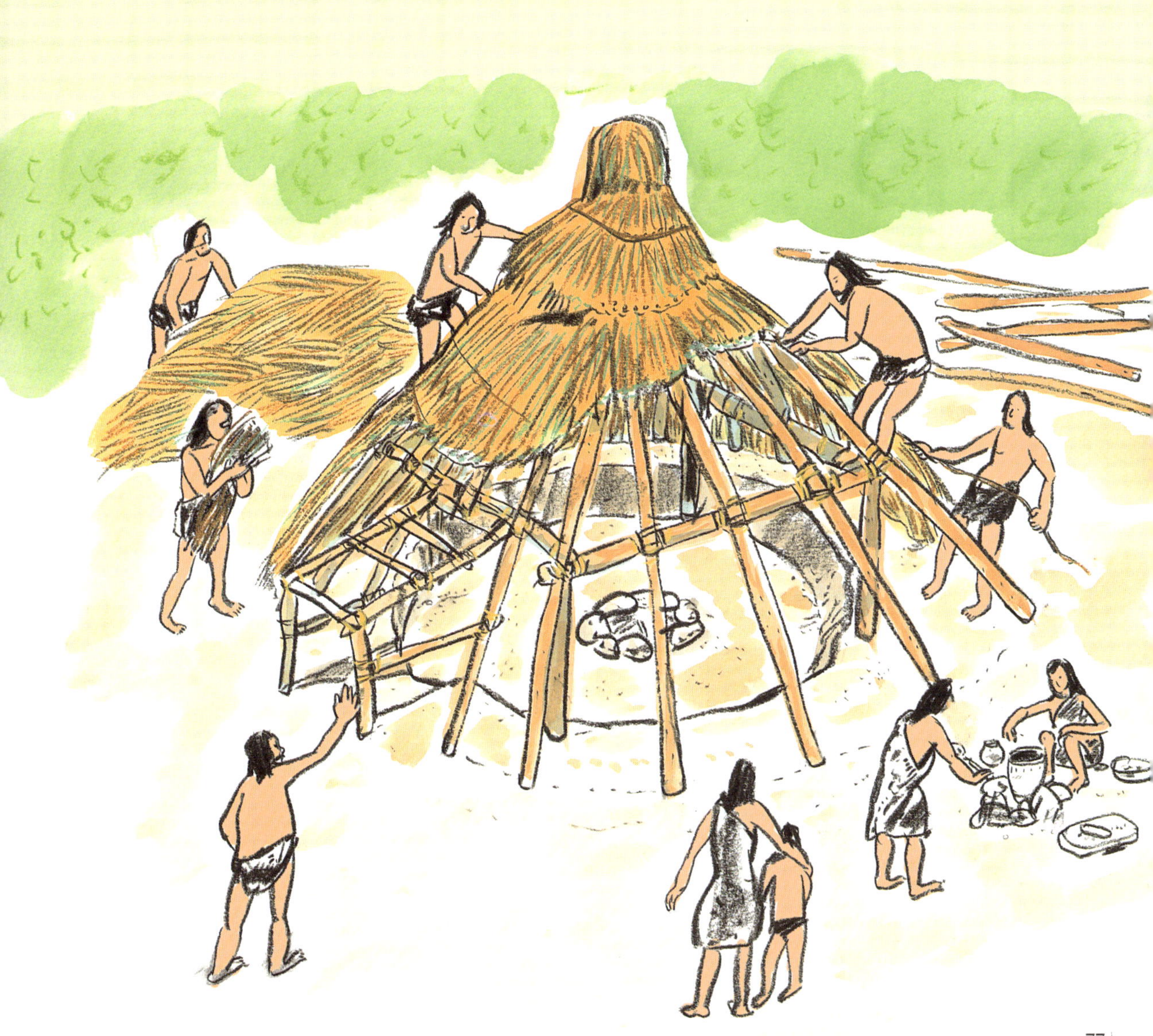

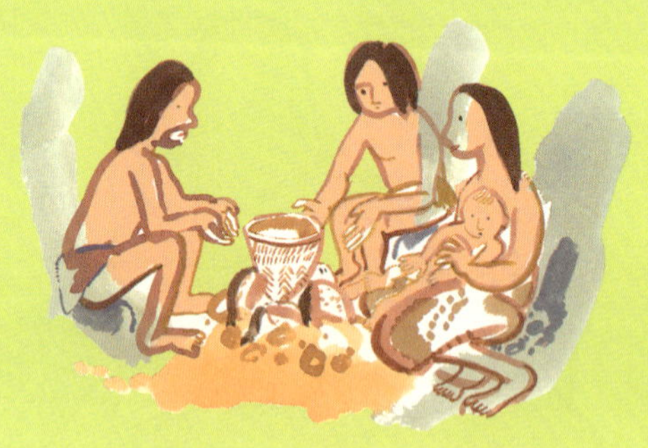

가장 오래된 08
신석기 시대의 유적들

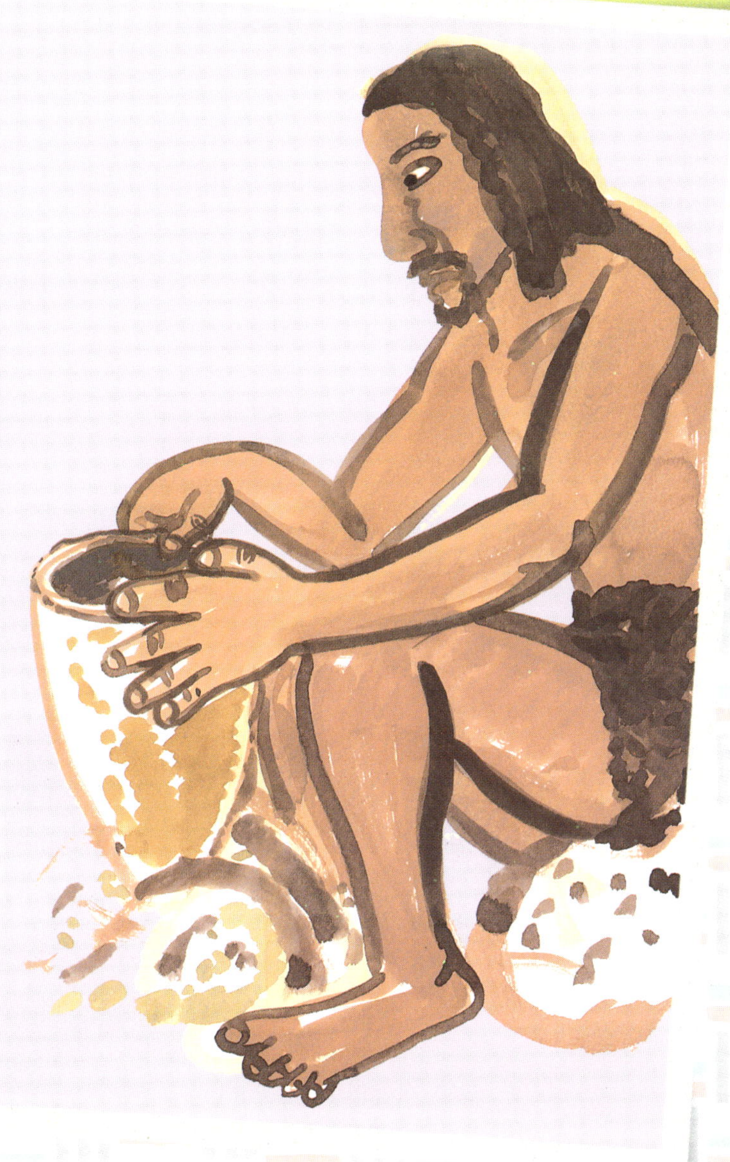

우리나라에서 가장 오래된 신석기 유적은 제주 한경 고산리 유적과 강원 양양 오산리 유적이다. 이 두
곳은 우리나라에서 신석기 문화가 어떻게 형성되었는지, 또 신석기 시대 사람들이 어떻게 생활했는지를
보여 주는 유적이다.

우리나라의 신석기 시대는 지금으로부터 8000년쯤 전에 시작되었다. 이 시기로 접어들면서 사람들은 흙으로 그릇을 빚고, 한 곳에 터를 잡고 살았으며, 조금씩이나마 농사를 짓고 가축도 기르게 되었다. 아울러 사냥과 고기잡이 기술도 빠르게 발전하여 먹을거리가 전보다 넉넉해졌다.

이 무렵을 대표하는 유적으로 제주 한경 고산리 유적과 강원 양양 오산리 유적을 들 수 있다. 제주도 서쪽 바닷가에 위치한 한경 고산리 유적은 우리나라에서 후기 구석기 시대가 끝나면서 신석기 문화가 어떻게 형성되었는지를 보여 주는 유적이다. 또한 양양 오산리 유적은 동해안 지역의 신석기 문화를 대표하는 유적으로 평가된다.

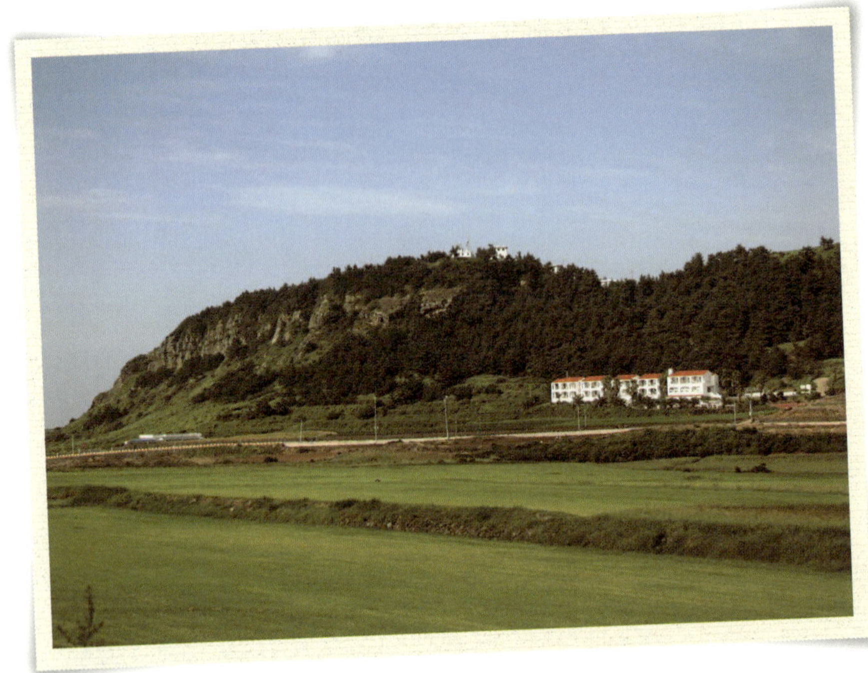

한경 고산리 유적
슴베가 있는 화살촉이 최초로 발굴된 곳으로 동북 아시아의 전기 신석기 문화를 연구하는 데 중요한 유적이다.

한경 고산리 유적

　한경 고산리 유적은 북제주군 한경면 고산1리에 있다. 이 유적은 1987년에 한 농부가 땅 위에서 찌르개, 긁개 등의 석기를 발견하면서 알려졌다. 이곳에서는 덧무늬 토기와 이른 민무늬 토기처럼 우리나라에서는 찾아보기 힘든 유물들이 발굴되었다.

　한경 고산리 유적에서 한라산 쪽으로 1.2km 떨어진 고산리 동굴에서도 신석기 시대의 유물이 발견되었다. 여기에서는 화살촉, 찌르개 같은 사냥 도구와 이른 민무늬 토기, 덧무늬 토기, 눌러찍기 무늬 토기 등이 나왔다. 이런 토기는 강원도 고성 문암리와 양양 오산리, 부산 동삼동 조개더미 등에서도 발견되었다. 고산리 동굴은 고산리 유적과 비슷한 시기의 유적으로 보인다.

　그렇다면 고산리에 살았던 신석기 시대 사람들은 어떤 생활을 했을까? 자연환경의 변화에 따라 점점 높아지는 기온 속에서 그들은 돌화살촉과 찌르개 등으로 짐승을 사냥했고, 토기를 빚어 음식을 조리하고 저장하기도 했다.

　여기에서 나온 돌화살촉을 살펴보면 길이는 3cm 안팎으로 삼각형 모양이고, 대부분 눌러떼기 방법으로 만들어졌다. 화살촉은 형태에 따라 슴베가 있는 것과 없는 것으로 나뉘는데, 우리나라 신석기 유적에서 슴베가 있는 화살촉이 나온 경우는 고산리 유적이 처음이다. 그 밖에 긁개, 새기개, 뚜르개 같은 석기들이 나왔는데, 석기와 석기를 만드는 과정에서 나온 돌 조각, 돌날 등을 모두 합하면 9만 9,000여 점에 이른다.

　한경 고산리 유적의 이른 민무늬 토기는 바탕흙에 풀 같은 것을 섞어 빚었다. 토기를 단단하게 하기 위해 사용했던 방법으로 보이는데, 우리나라에서는 그런 토기가 처음으로 발견되었다. 덧무늬 토기는 아가리 부분에 진흙 띠로 무늬를 만들어 붙였는데, 강원도 양양 오산리와 부산 동삼동 조개더미 등에서 나온 토기와 비슷하다. 토기의 바탕흙은 가는 모래가 섞인 진흙이고, 토기가 떨어져 나간 면을 볼 때 테쌓기로

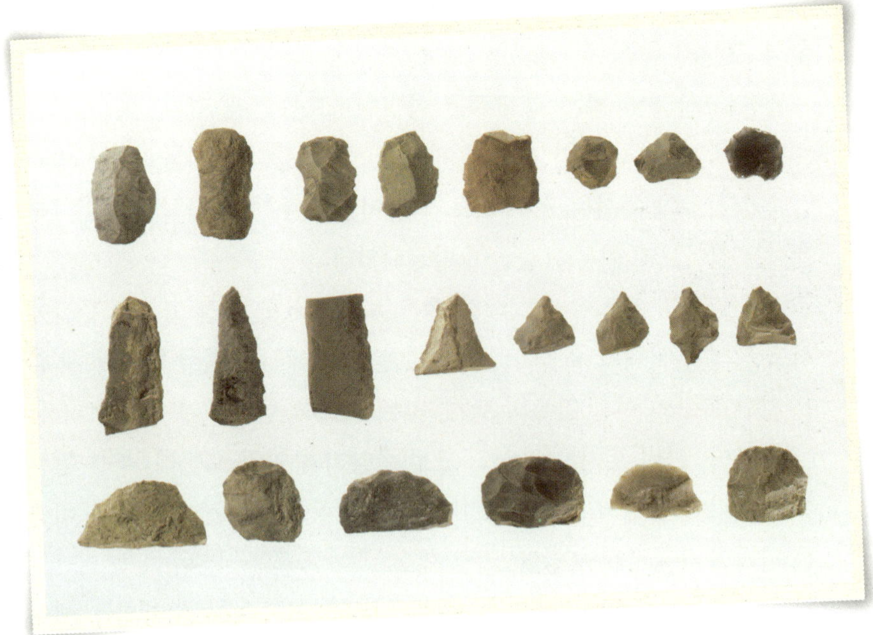

만들었다.

한경 고산리 유적은 동북아시아 지역의 전기 신석기 문화를 연구하는 데 매우 귀중한 자료이다. 왜냐하면 이곳에서 나온 유물이 비슷한 시기에 일본과 시베리아, 연해주 등지에서 발견된 유물과 내용이 비슷하기 때문이다. 이로써 당시 동북아시아 일대의 전기 신석기 문화에 어떤 공통점이 있었음을 짐작케 한다.

또한 고산리 사람들은 후기 구석기 시대의 특징을 지닌 석기를 만들었고, 한곳에 정착해 살며 토기를 빚었던 것으로 보인다. 이처럼 고산리 유적은 후기 구석기 시대에서 전기 신석기 시대로 넘어가는 과정을 보여 주는 국내 유일한 유적이다.

양양 오산리 유적

양양 오산리 유적은 동해안 지역의 신석기 문화를 대표하는 유적이다. 이 유적은 바닷가로부터 200m 가량 떨어진 '쌍호'라는 호숫가 모래 언덕 위에 있다. 1977년에 호수를 메워 농지를 만들려고 모래를 파내다가 토기와 석기가 쏟아져 나오면서 유적이 알려지기 시작했다. 그 뒤 1981년에서 1985년까지 다섯 차례에 걸쳐 유물이 발굴되었다.

양양 오산리 유적은 모두 5개의 자연층위로 이루어져 있는데 가장 위의 1층은 유적의 일부에서만 나타나는 청동기 문화층이고, 자연층인 4층을 제외한 2, 3, 5층이 신석기 문화층으로 밝혀졌다. 2층에서는 서해안 지역 신석기 문화의 특징인 밑이 뾰족한 빗살무늬 토기가 나왔고, 3층에서는 동북 지역 신석기 문화의 특징인 밑이 납작한 빗살무늬

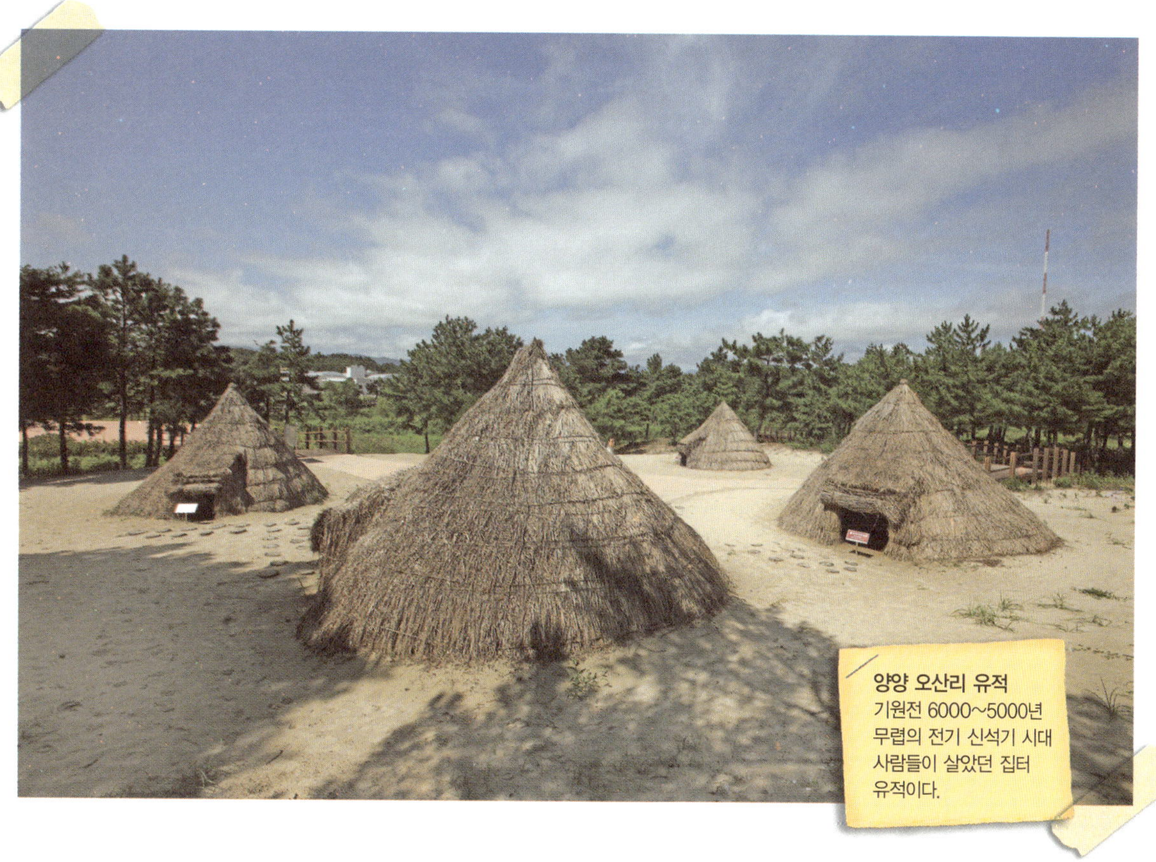

양양 오산리 유적
기원전 6000~5000년 무렵의 전기 신석기 시대 사람들이 살았던 집터 유적이다.

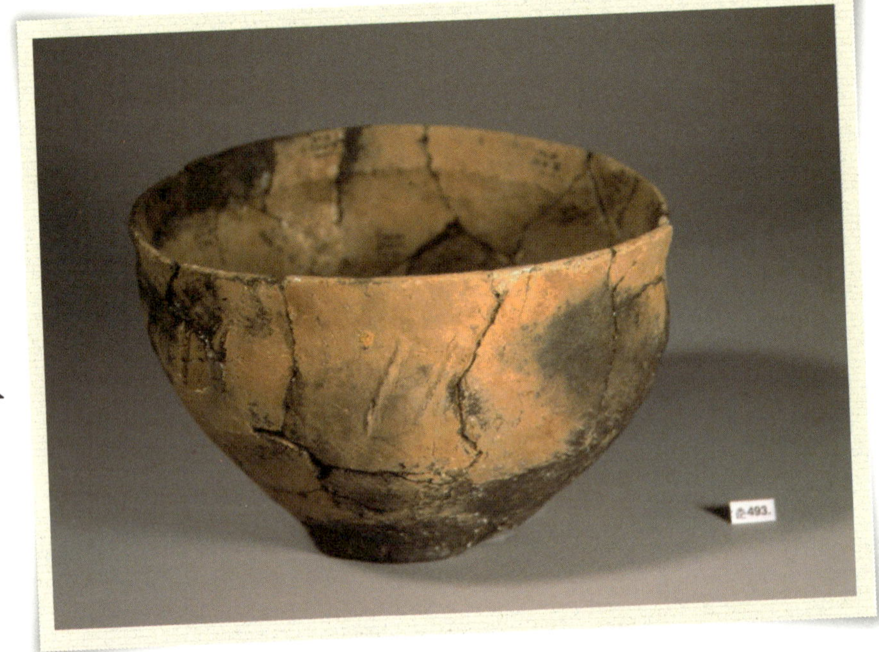

토기와 민무늬 토기가 나왔다.

토기와 함께 진흙으로 빚은 사람 얼굴 모양의 조각품도 나왔다. 이 것은 부산 동삼동 조개더미에서 나온 사람 얼굴 모양의 조가비, 웅기 굴포리 서포항에서 나온 뼈 조각품과 마찬가지로 어떤 종교 의식에 쓰였던 것으로 짐작된다.

5층에서는 지름이 6m 정도 되는 집터 10군데가 확인되었다. 집터 가운데에는 가로 70cm, 세로 70cm의 네모꼴 화덕 자리가 한두 개씩 있었다. 집터 주변에서는 강돌을 쌓아 올려 만든 돌 구이용 돌무지도 발견되었다.

그리고 집터 안팎과 주변에서 나온 토기는 대부분 밑이 납작했고, 그중에는 독과 항아리도 끼어 있었다. 무늬는 주로 아가리 부분에만 새겨 넣었는데, 눌러찍기 무늬 토기가 가장 많고, 덧무늬 토기도 더러 발굴되었다.

  석기는 돌도끼, 돌칼, 돌화살촉, 돌창, 그물추, 숫돌, 커다란 돌톱, 흑요석 돌날, 그리고 이음낚시의 허리 부분 등 240여 점이 나왔다. 그 중에서도 이음낚시의 허리 부분이 70여 점에 이른다. 여기서 나온 흑요석 석기를 형광 엑스선 분석법으로 조사해 보니, 뜻밖에도 백두산 흑요석을 쓴 것으로 밝혀졌다. 이로써 당시 두 지역 사이에 물물교환이 이루어지지 않았을까 하는 추측을 할 수 있다.

  또한 양양 오산리 유적의 집터에서 나온 숯을 방사성 탄소 연대 측정법으로 조사한 결과, 기원전 6000~5000년 무렵의 것으로 밝혀졌다. 그래서 10년 뒤에 제주 고산리 유적이 발견되기 전까지는 이곳이 우리나라에서 가장 오래된 신석기 유적으로 알려져 왔다.

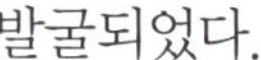

어떤 물체에 엑스선을 쬐면 그때 발생하는 특유의 엑스선을 이용해서 원소를 분석하는 방법이다. 대상물을 파괴하지 않고, 분석 속도가 빠르기 때문에 고고학 유물을 분석하거나 귀중한 미술품을 감정하는 데 주로 쓰인다.

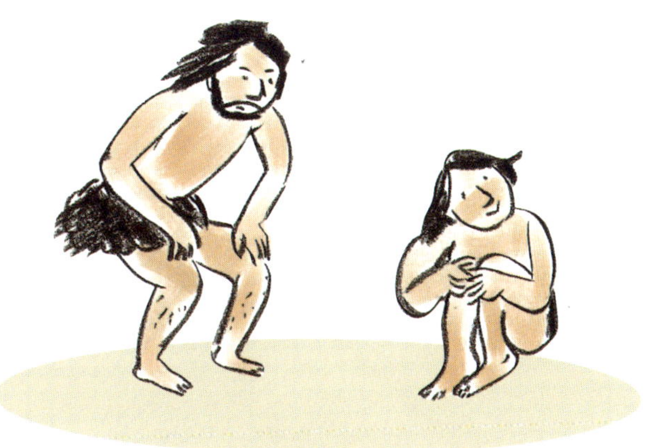

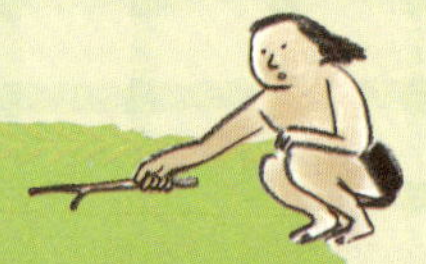

이음낚시 바늘은 어떻게 만들까?

　신석기 시대 유적들이 대부분 강가나 바닷가에서 발견되고 있는 것으로 보아 신석기 시대 사람들은 먹을 것이 풍부한 강가나 바닷가에 터를 잡고 살았을 것이다. 양양 오산리 유적에서는 불에 탄 도토리와 갈돌 및 갈판, 고기잡이 도구인 낚싯바늘과 그물추, 사냥에 사용했던 돌화살촉 등이 많이 출토되었다. 이런 유물들을 살펴보면 신석기 시대 사람들의 주요한 생계 수단이 사냥과 고기잡이, 야생 식물의 채집이었음을 짐작할 수 있다.

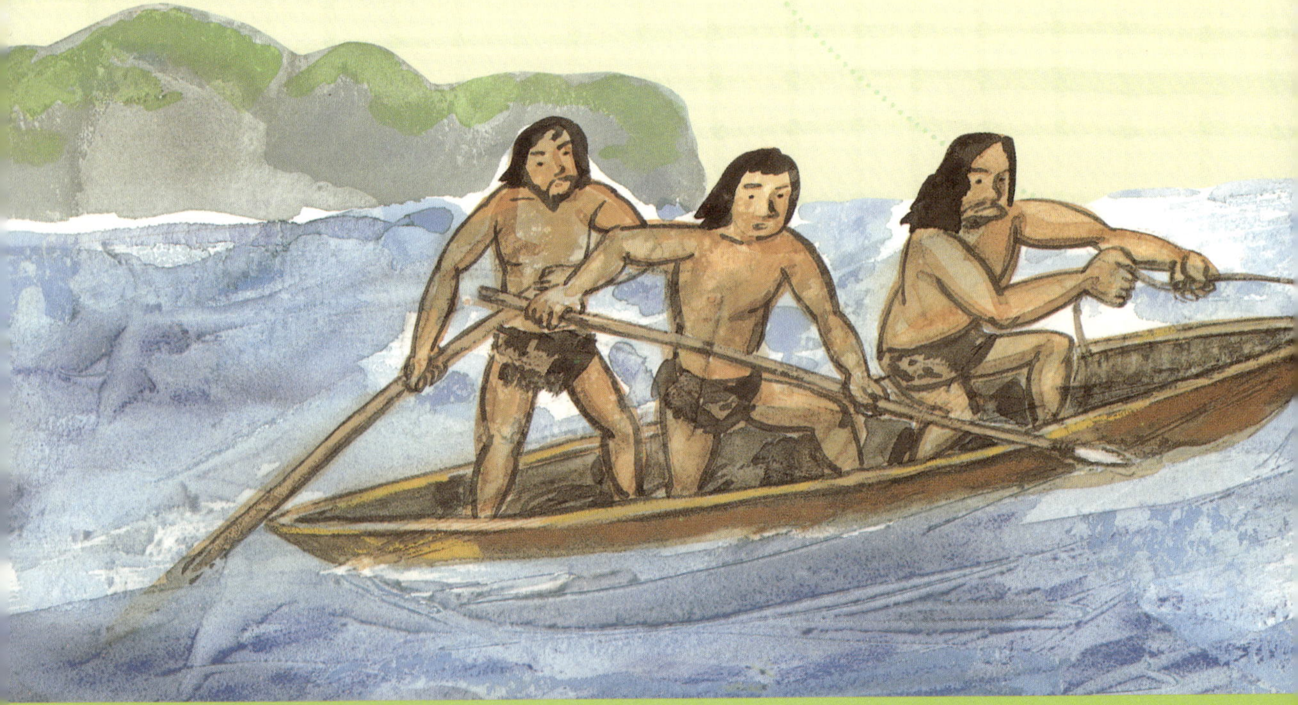

특히 바닷가 유적에서 많이 발견되는 낚싯바늘에는 요즘 것과 같은 보통 낚싯바늘과 이음낚시 바늘의 두 종류가 있다. 이음낚시 바늘은 허리와 갈고리를 따로 만들어 한데 묶어서 쓰는 특이한 형태이다.

이때 이음낚시 바늘의 허리 부분은 대부분 돌로 만들었고, 갈고리는 사슴뿔, 멧돼지 이빨, 동물 뼈 등으로 만들었다. 이음낚시는 배를 타고 먼 바다로 나가 대구, 다랑어와 같은 큰 물고기를 잡는 데 사용된 것으로, 우리나라 남해안과 동해안 지역에서 주로 출토되었다.

또한 일본 규슈 지방에서도 발견되고 있어 두 지역 간에 바다를 통한 문화 교류가 있었음을 짐작케 한다.

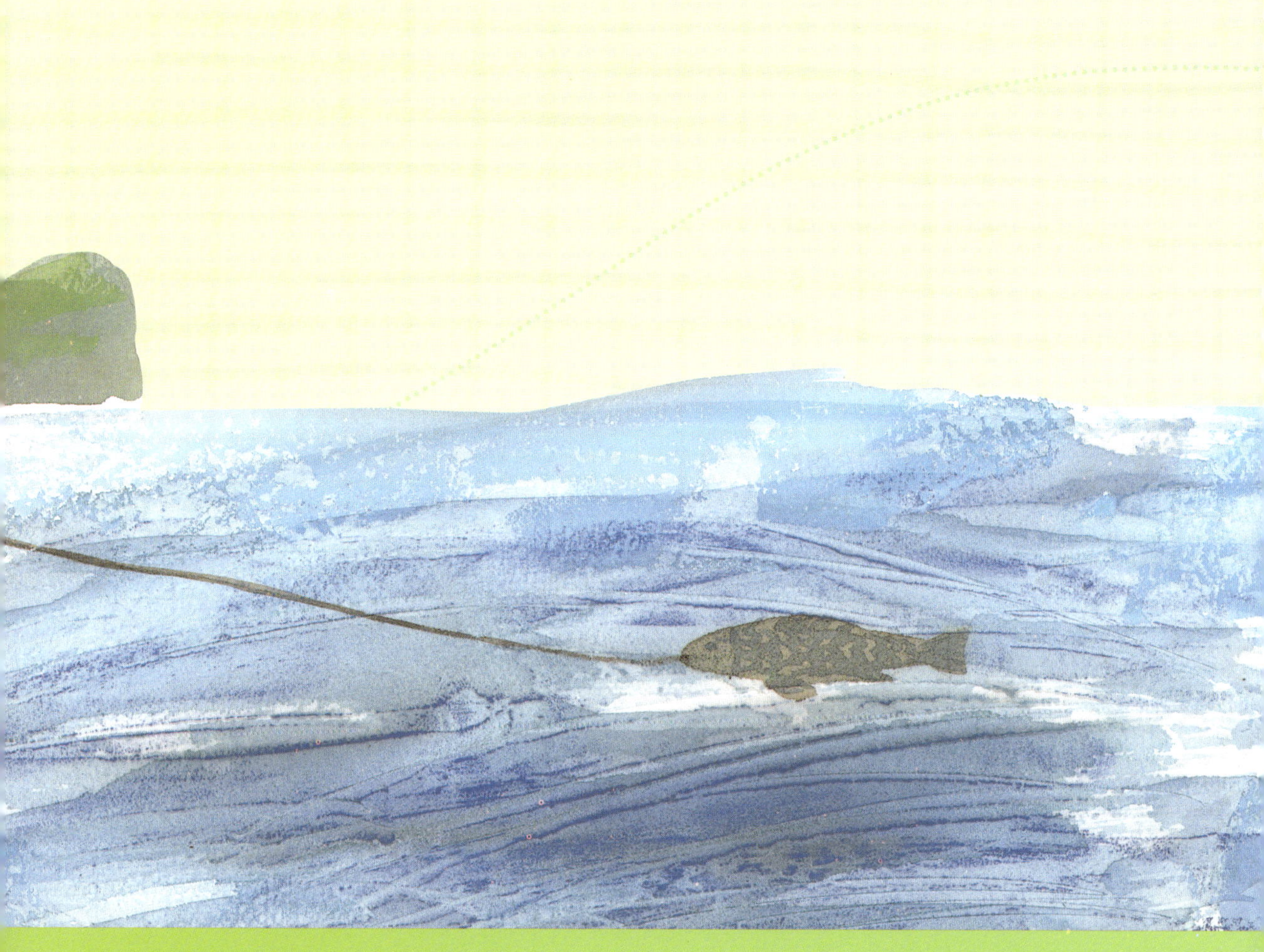

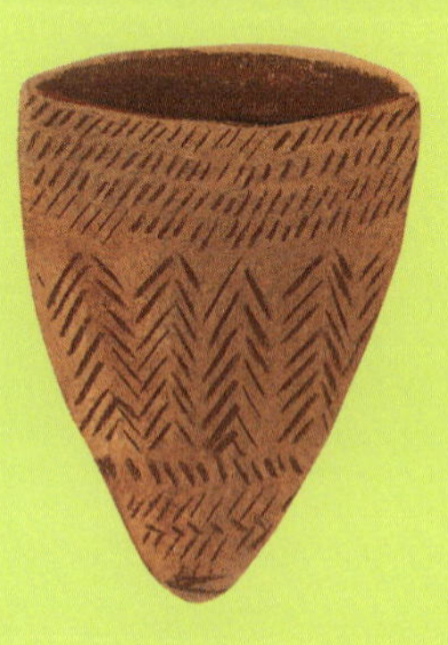

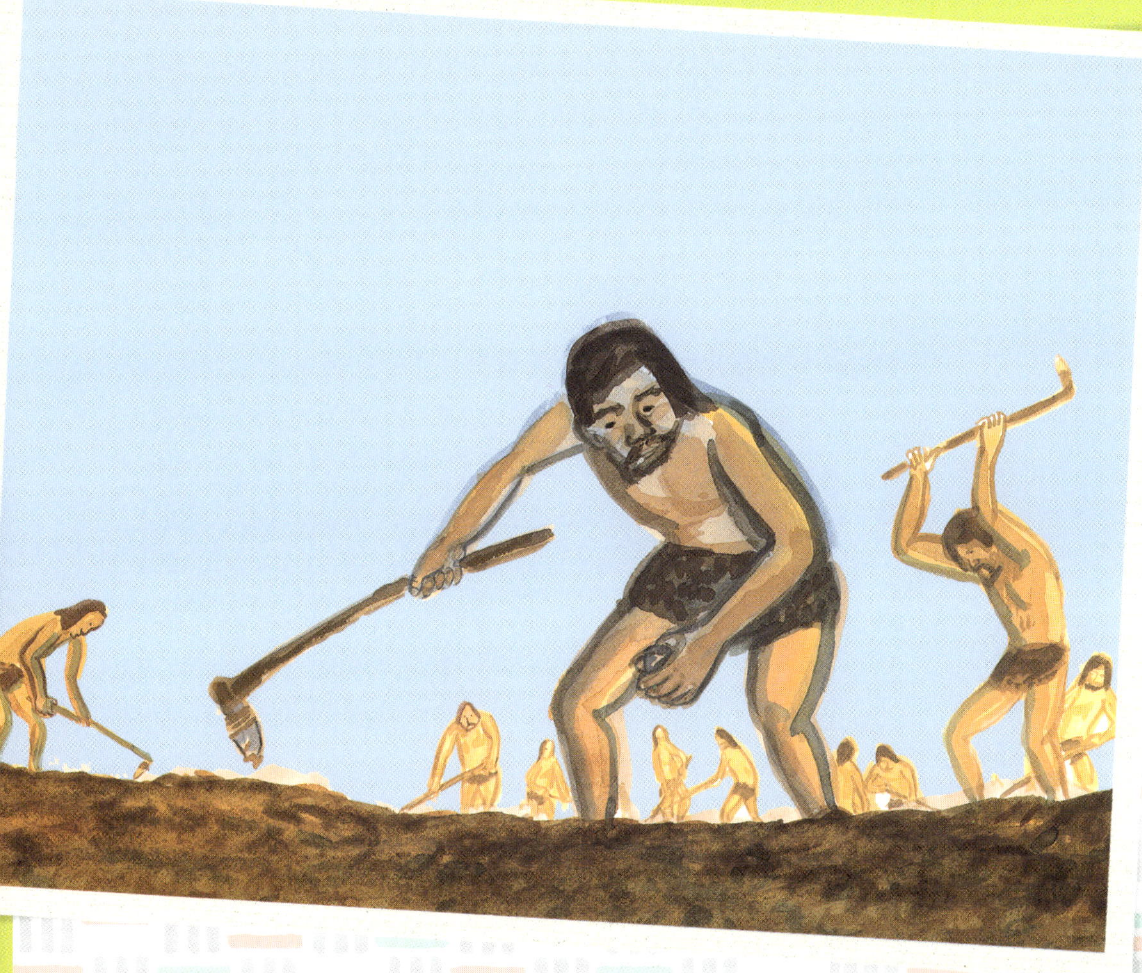

북한에서 발견된 신석기 유적들은 전기 신석기 시대부터 후기 신석기 시대까지 각 시대별로 다양한 특색을 보여 주고 있다. 이들 유적에서는 음식을 조리해 먹었던 흔적, 옷을 지어 입었음을 알려 주는 유물, 그리고 당시 사람들의 신앙과 예술을 엿볼 수 있는 빗살무늬 토기와 예술품 등이 고루 나왔다.

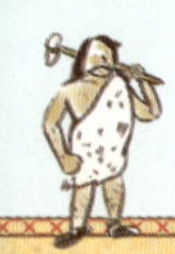

신석기 시대 때 실을 잣는 데 사용된 도구로 깨진 토기 조각을 갈아서 만들거나, 흙을 빚어서 가운데에 구멍을 뚫어 만들었다. 모양은 조금씩 달라도 모두 가운데에 구멍이 뚫려 있다.

함경북도 웅기 굴포리의 서포항 유적에서는 전기 신석기 시대부터 후기 신석기 시대에 이르기까지의 생활 모습을 보여 주는 다양한 문화층이 발견되었다.

전기 신석기 시대의 집터는 대부분 원형이나 모서리가 둥근 사각형으로, 땅을 50~100cm 정도 파고 지은 움집 자리였다. 그중에는 바닥에 굴 껍데기를 깔고, 그 위에 진흙을 얇게 덮어 다진 집터도 있다. 집터 바닥에는 기둥 구멍이 뚫려 있고, 가운데에는 화덕 자리가 있으며, 남쪽으로는 드나드는 계단이 있다. 중기 신석기 시대 이후의 집터들은 네모꼴로 통일되어 갔다.

다양한 문화층이 발견된 서포항 유적

서포항 유적 집터에서는 갖가지 모양과 무늬의 토기들이 나왔다. 전기의 토기에는 줄무늬, 중기의 토기에는 타래무늬, 그 뒤의 토기에는 번개무늬와 생선뼈무늬가 보이고, 무늬가 없는 토기도 많이 발견되었다.

서포항 유적에 살았던 사람들이 남긴 도구들 중 사슴뿔로 만든 괭이나 돌괭이, 돌삽, 반달돌칼, 뼈칼 등 농업용 도구들이 모든 문화 층위에서 출토되었다. 이러한 유물들은 이곳 사람들이 일찍부터 농사를 짓고 살았으며, 전기 말에서 중기 초에는 농사가 중요한 경제 수단이 되었음을 보여 주고 있다.

이 밖에도 도끼, 끌, 작살, 낚싯바늘, 화살촉, 창끝 등 사냥이나 낚시 도구들과 함께 뼈 숟가락, 바늘과 바늘통, 송곳, 가락바퀴 등 당시 사람들의 살림살이 모습을 보여 주는 유물들이 출토되고 있다.

해방 후 처음으로 발굴된 궁산 유적

궁산 유적은 평안남도 온천군 운하리의 소궁산 동남쪽 산비탈에 있

다. 물가에 있는 이 유적에서는 집터 5군데와 많은 유물들이 발굴되었
다. 전기 신석기 시대부터 중기 신석기 시대(기원전 4000~3000년)에 만
들어진 집터들 중 조금 이른 시기에 만든 것은 둥근 모양이고, 뒤로 갈
수록 사각형 모양을 하고 있다. 집터 가운데에는 화덕자리가 있으며,
대개 화덕 곁에는 큰 토기가 거꾸로 묻혀 있다.

이곳에서는 독, 항아리, 사발 등 여러 가지 토기가 나왔는데 바닥이
납작한 토기도 있지만, 독과 항아리 같은 큰 토기는 모두 밑이 둥글거
나 뾰족하다. 토기에는 대부분 점선과 사선, 생선뼈무늬 등이 새겨져
있고, 석면과 활석 가루를 섞은 바탕흙으로 만들었다.

궁산 유적에서는 토기 외에도 괭이, 도끼, 갈돌, 대팻날, 끌, 화살촉,
창끝, 숫돌, 그물추 같은 석기, 뼈로 만든 송곳, 괭이, 낫, 칼, 바늘 등이
나왔다. 이러한 유물은 궁산 사람들이 농사와 사냥, 고기잡이를 함께
했음을 보여 준다.

황해도 봉산 지탑리 유적과 남한의 서울 암사동 유적에서도 이곳과
비슷한 집터와 유물들이 발견되었다.

밭을 갈아 농사를 지었던 지탑리 유적

황해도 봉산의 지탑리 유적은 지탑리 토성
안과, 토성에서 동남쪽으로 750m 정도 떨어
진 서흥강 가에 있다. 이곳에서는 신석기 시대
와 청동기 시대, 초기 철기 시대 등 여러 시대의
문화층이 발견되었다. 따라서 오랜 세월 동안 사
람들이 살았던 유적으로 중부 지방의 대표적인
빗살무늬 토기 유적으로 손꼽힌다.

여기에서 발굴된 집터는 3군데로, 모두 기원전
4000~3000년 무렵에 만들어진 것으로 보인다. 첫

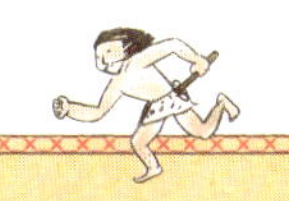

모양이 비슷한 항아리와
단지를 고고학에서는 크기로
구분한다. 높이가 30cm가
넘으면 항아리, 그보다
작으면 단지이다.

궁산 유적에서
발견된 뿔괭이

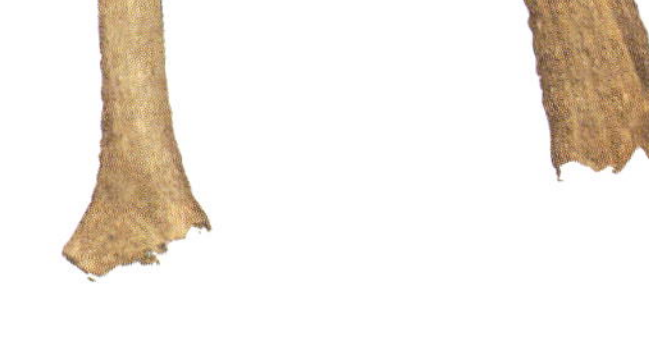

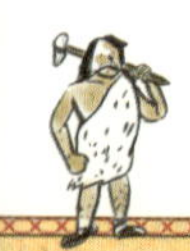

신석기 시대 사람들은 대부분
강가나 바닷가에 자리를 잡고
살았다. 그래서 모래땅에
손쉽게 토기를 묻어 놓고, 그
속에 곡식을 저장하기 위해서
빗살무늬 토기의 밑을
뾰족하게 만들었다.

번째 집터는 사각형인데, 땅을 40~50cm 정도로 팠고, 넓이는 50m^{2}로 규모가 제법 컸다. 출입문은 2개였으며, 벽 가장자리로 돌아가면서 기둥을 세웠다. 집터 안에는 강돌로 만든 화덕 자리가 있고, 화덕 옆에는 밑을 잘라 낸 저장용 토기가 거꾸로 묻혀 있었다. 나머지 집터들은 땅을 30~60cm쯤 파서 만들었고, 넓이는 12~15m^2 정도였다.

지탑리 유적에서는 빗살무늬 토기를 비롯한 많은 토기와 함께 도끼, 창끝, 화살촉, 보습, 낫, 갈돌 따위의 석기가 나왔다. 토기는 대부분 바탕흙에 석면과 활석을 섞어 만들었는데, 단지와 사발처럼 작은 것에서부터 항아리처럼 큰 것에 이르기까지 여러 종류가 있다.

토기에는 중부 지방 토기에서 흔히 보이는 무늬가 새겨져 있고, 작은 토기는 밑이 납작하지만 큰 토기는 모두 뾰족하거나 둥근 밑 모양을 하

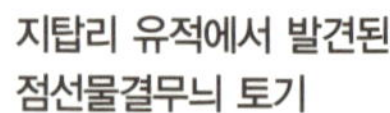

지탑리 유적에서 발견된
점선물결무늬 토기

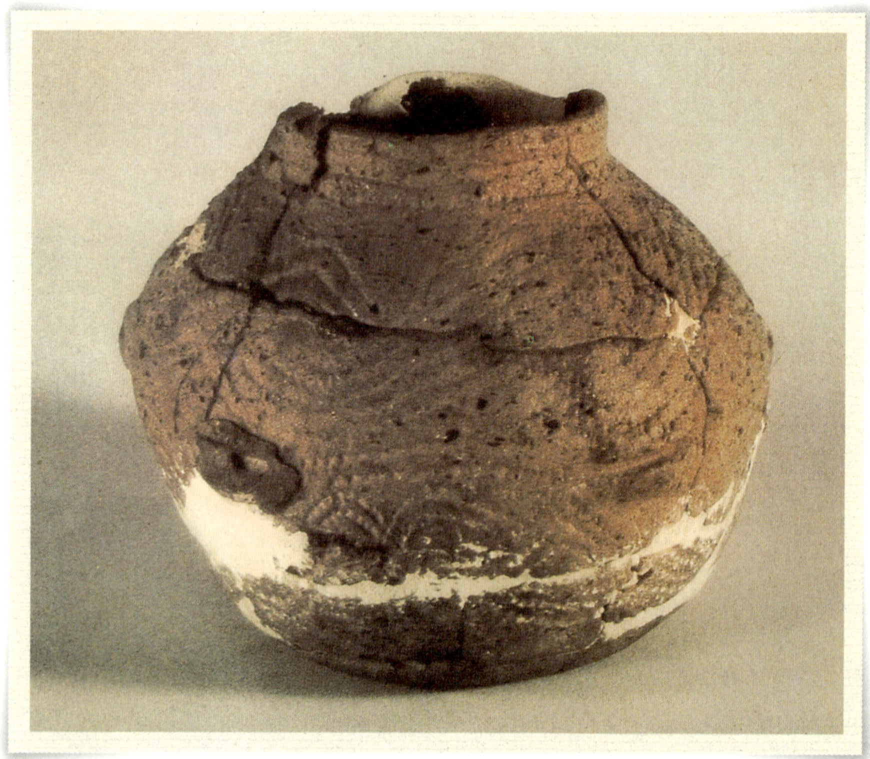

고 있다. 또 점선물결무늬가 새겨진 토기도 여러 개 발견되었다.

석기로는 화살촉과 창끝 같은 사냥 도구, 그물추 같은 고기잡이 도구, 보습과 낫 같은 농기구, 도끼와 끌 같은 공구류가 나왔다. 그중에서 보습과 낫 같은 농기구가 가장 큰 관심을 끌었다. 특히 보습은 형태를 고스란히 간직한 것만도 20여 점이나 발견되었다. 점판암을 다듬어 만든 보습들은 대부분 날이 닳아 오랫동안 사용한 흔적이 뚜렷했다. 돌낫 역시 날이 무디어져 있었다.

이와 함께 집터에서는 좁쌀로 보이는 불에 탄 곡식이 발견되어, 당시 사람들이 보습을 이용하여 밭을 갈아 농사를 지었음을 알려 준다.

신석기 시대의 가장 큰 집터, 남경 유적

평양의 남경 유적은 대동강 가에 넓게 자리하고 있으며, 신석기 시대의 집터 5군데와 청동기 시대의 집터 22군데가 발견되었다.

신석기 시대의 집터 중에는 넓이가 113㎡나 되는 것이 있다. 이것은 땅을 20cm쯤 파고 지은 사각형 움집 자리로, 지금까지 우리나라에서 발견된 신석기 시대의 집터 가운데 가장 크다.

집터 안에는 땅을 120cm쯤 판 또 하나의 작은 집터가 있는데, 움집 속에 또 다른 움집을 지은 매우 특이한 구조이다. 벽의 네 모서리에 굵은 기둥을 세우고 지붕을 얹은 것이 불에 탄 숯을 통해 확인되었다. 집터 가운데에는 화덕 자리가 있고, 갈돌 12점과 곡식 저장용으로 쓰인 빗살무늬 토기도 발견되었다.

이 유적에서는 600여 점이나 되는 돌그물추가 모두 한곳에서 발견되었다. 도끼, 끌, 대팻날, 칼, 갈돌 같은 석기와 생선뼈무늬, 번개무늬, 덧무늬 등을 새긴 토기, 그리고 이른 민무늬 토기도 나왔는데, 대부분 밑이 뾰족하거나 둥근 모양을 하고 있었다. 불에 탄 조와 도토리도 함께 발견되었다. 남경 유적은 중기 신석기 시대부터 농사가 매우 중요한 경

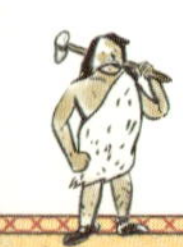

제활동이 되었음을 알려 준다. 또 물가에 살던 사람들에게는 그물을 이용한 고기잡이 역시 농사 못지 않게 중요했음을 알 수 있다.

한편, 동해안 일대와 요동 지방에서 번개무늬 토기와 덧무늬 토기가 자주 발견되는 것으로 미루어, 두 지역 사이에 활발한 문화 교류가 있지 않았을까 짐작된다.

다양한 문화층이 발견된 범의구석 유적

범의구석 유적은 두만강 상류의 함경북도 무산읍에 있다. 이 유적에서는 신석기 시대부터 초기 철기 시대에 이르기까지의 다양한 문화층이 발견되었다.

이곳에서는 사각형 모양의 집터 10군데가 확인되었는데, 집터 바닥은 진흙을 펴 다지거나 맨땅 그대로였고, 가운데에는 화덕 자리가 있었다. 집터 안에서는 빗살무늬 토기와 이른 민무늬 토기가 나왔는데, 빗살무늬의 종류가 적고 단순해진 것으로 보아 이른 민무늬 토기로 옮겨 가는 과정임을 알 수 있다.

토기 말고도 도끼, 곰배괭이, 화살촉, 그물추, 가락바퀴, 뼈끌, 뼈바늘과 함께 흑요석으로 만든 석기도 많이 발견되었다. 이곳 사람들이 농사와 사냥, 고기잡이로 생활했음을 알려 주는 유물들이다.

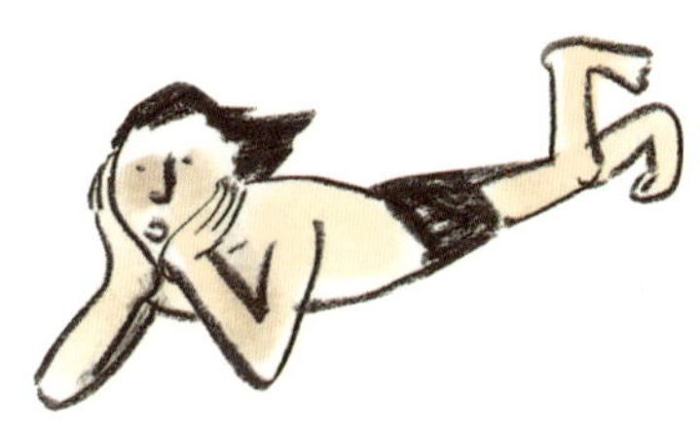

여신 숭배와 토테미즘 신앙

함경북도 청진의 농포리 유적은 바닷가 산비탈에 있는 신석기 시대 유적이다. 여기에서는 농기구와 공구류, 사냥과 고기잡이 도구, 토기와 조각품 등 다양한 유물들이 나왔다.

빗살무늬 토기는 항아리, 단지, 잔 등 여러 종류가 발견되었는데, 토기에는 생선 뼈무늬, 점선띠무늬, 번개무늬 등 갖가지 무늬가 새겨져 있고, 간결하면서도 균형 잡힌 모양을 하고 있다.

이 유적의 특징은 여자 조각품과 개·새 조각품 등이 나온 것이다. 아쉽게도 흙으로 빚은 여자 조각품의 머리는 사라지고 없었다. 두 손을 가슴에 모으고 있는 이 조각품은 허리가 잘록하고 엉덩이가 펑퍼짐한 것으로 보아 여성의 몸을 표현했으며, 모계 중심 사회에서 흔한 여신 숭배와 관련 있는 유물로 보인다. 곱돌로 만든 개와 새 조각품은 솜씨가 아주 뛰어난데, 이들은 당시의 토테미즘 신앙과 관련 있는 유물로 보인다.

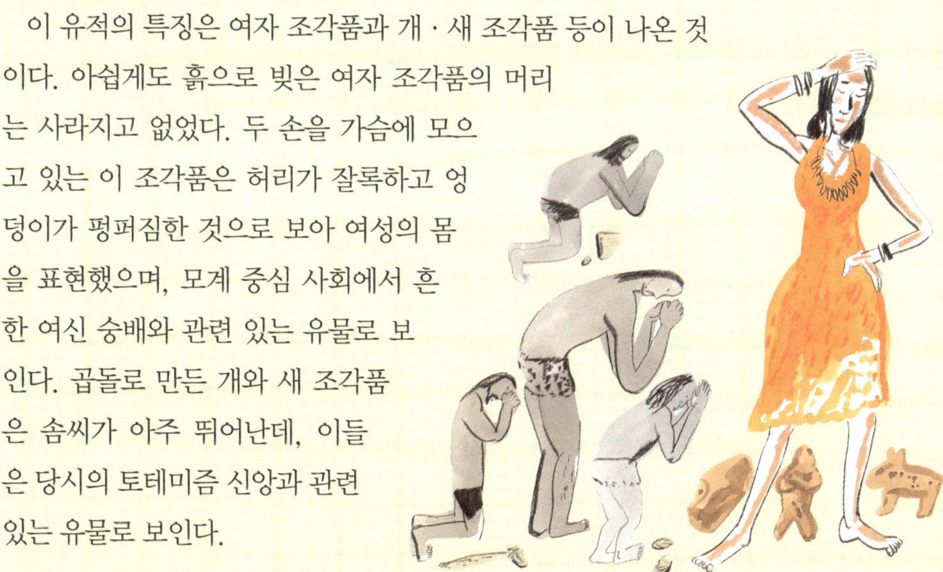

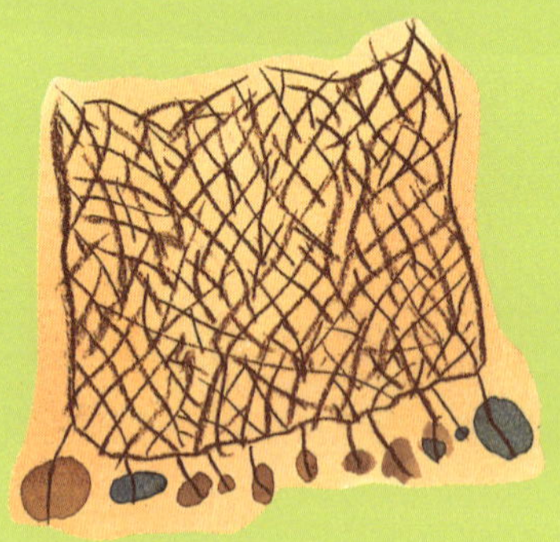

남한의 신석기 시대 유적 10

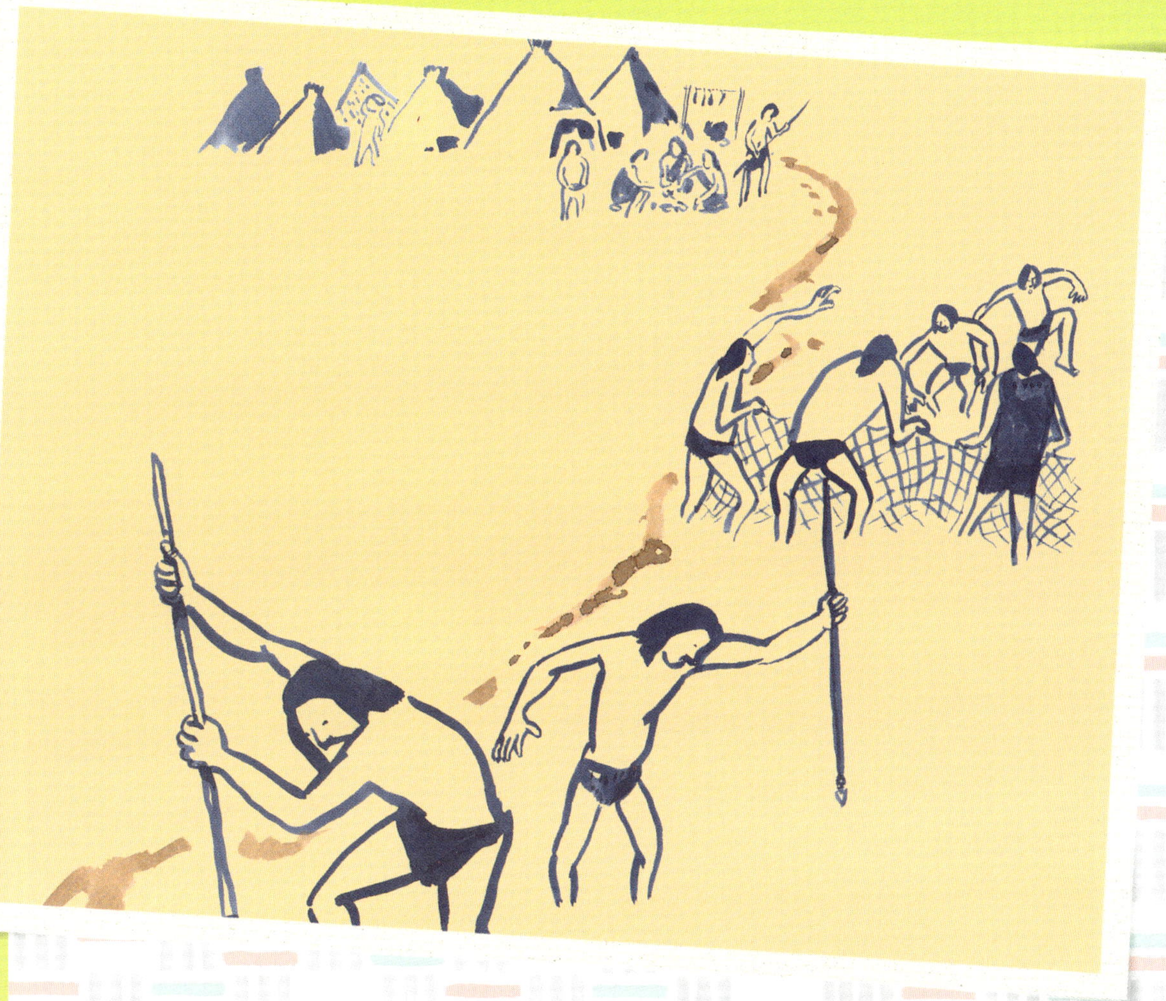

남한에서는 우리나라에서 가장 오래된 신석기 유적인 제주 한경 고산리 유적과 양양 오산리 유적, 중부 지방의 서울 암사동 유적, 조개더미가 발견된 부산 동삼동 유적, 마을을 이루어 살았던 흔적을 보여 주는 진주 상촌리 유적 등이 발굴되어 신석기 시대 사람들의 생활을 이해하는 데 도움을 주고 있다.

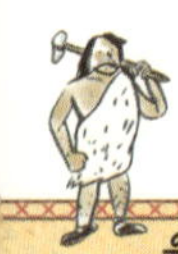

일제 강점기 때인 1925년
을축년에 우리나라에서
일어난 네 차례의 큰 홍수를
말한다.
그해 7월부터 9월 초에 걸쳐
엄청난 비가 네 차례
쏟아졌는데, 이로 인해 한강,
금강, 낙동강, 대동강, 압록강
등 큰 강이 모두 넘쳐 그
피해액이 무려 1억 300만
원에 이르고, 죽은 사람은
647명이나 되었다.

암사동 유적은 서울 강동구 암사동의 한강 가에 있는 마을 자리이다. 이 유적은 1925년 을축년 대홍수 때 강물이 휩쓸고 간 뒤에 유물들이 드러나면서 알려졌다. 그 뒤 여러 차례의 조사 끝에 1960년대 후반부터 1970년대 전반에 걸쳐 발굴이 이루어졌고, 우리나라 중서부 지방의 신석기 문화를 대표하는 유적으로 인정받게 되었다.

홍수가 찾아 준 암사동 유적

암사동 유적의 움집터는 모두 26군데로, 모양은 대개 원형이나 모서리가 둥근 사각형이다. 집터의 크기는 한쪽 길이가 5~6m, 땅을 판 깊이는 50~60cm에서 100cm에 이르는 것도 있다. 집터 가운데에는 강돌이나 깬 자갈로 만든 화덕 자리가 있는데, 그 주변에 저장용 토기를 묻

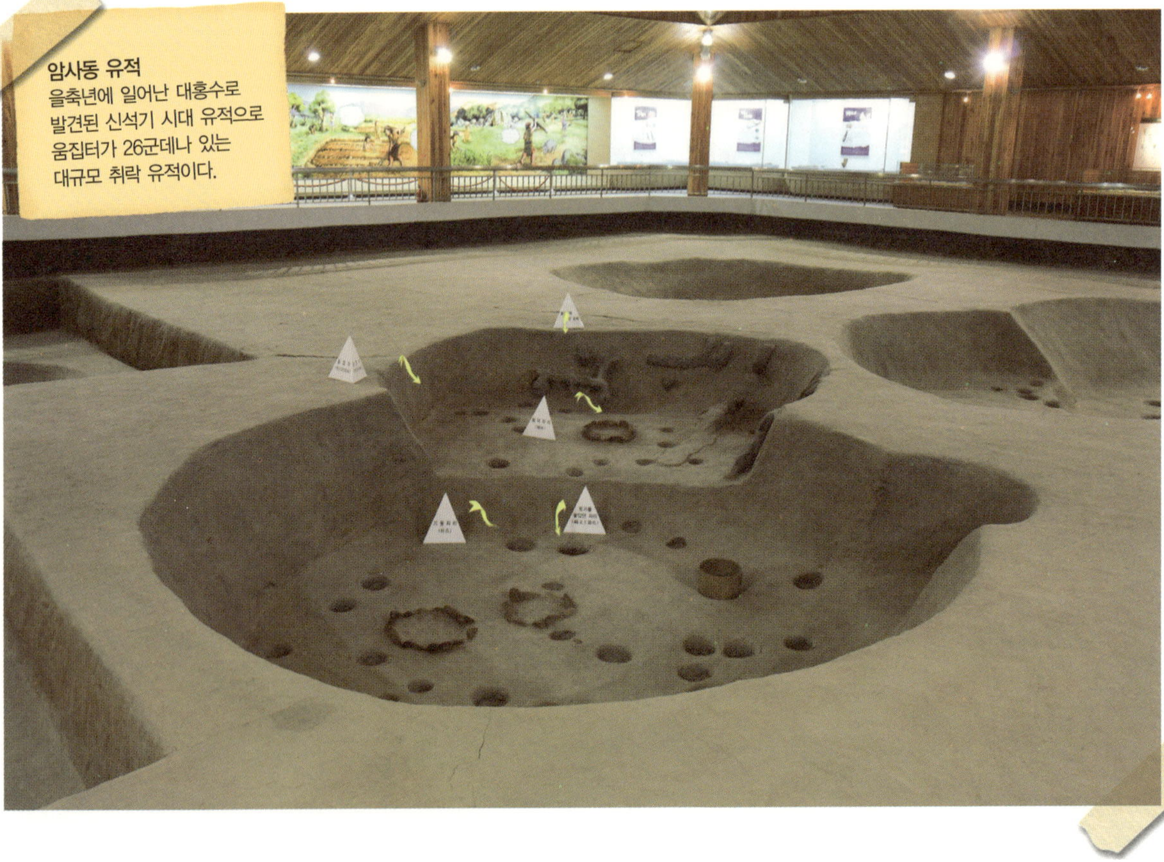

어 놓기도 했다. 출입문은 주로 남쪽으로 냈고, 불에 탄 기둥과 기둥 구멍이 있는 것으로 보아 네 귀퉁이에 기둥을 세우고 움집을 지었음을 알 수 있다.

이곳에서 나온 토기는 운모를 섞은 사질토로 빚었으며, 바탕흙에 활석과 석면이 섞인 것도 있다. 토기는 달걀을 반으로 잘라 놓은 듯한 뾰족한 밑 또는 둥근 밑 모양을 하고 있다. 아가리, 몸통, 밑에 각각 다른 무늬를 새겼는데, 아가리에는 빗금무늬 · 점무늬 · 새끼무늬 등을, 몸통에는 생선뼈무늬를 주로 새겼다.

석기는 강자갈로 만든 도끼와 화살촉, 그물추 등 뗀석기가 많으나 간석기도 더러 있다. 괭이, 보습, 돌낫, 갈돌과 갈판 같은 농기구도 나왔고, 도토리와 새 뼈 등도 발견되었다. 이러한 유물들을 통해 당시 암사동 사람들은 농경과 채집, 사냥과 고기잡이를 하면서 살았던 것으로 보인다.

암사동 유적은 전기 신석기 시대부터 후기 신석기 시대에 이르기까지 우리나라 중서부 지방의 생활 모습을 잘 보여 준다. 이곳 집터에서 발견된 숯을 방사성 탄소 연대 측정법으로 알아본 결과, 기원전 4500~3500년 무렵의 유적으로 밝혀졌다.

갖가지 예술품이 발견된 부산 동삼동 유적

동삼동 유적은 조개더미 유적으로, 부산 동삼동 바닷가 언덕 비탈에 자리하고 있다. 전기 신석기 시대부터 후기 신석기 시대에 이르기까지 오랜 세월에 걸쳐 이루어진 이 유적은 우리나라 남해안 지역의 대표적인 신석기 시대 유적으로 꼽힌다. 특히 일본 규슈 지역의 흑요석과 일본의 신석기 시대인 조몬 시대를 대표하는 새끼줄무늬 등이 있는 조몬 토기 조각이 발견되어 바다를 통한 문화 교류가 있었음을 짐작할 수 있다.

이 유적에 대한 조사는 1933년에 일본 사람들이 처음 시작했다. 그 뒤 1960년대부터 1970년대 초반까지 발굴에 힘을 쏟았고, 1999년에

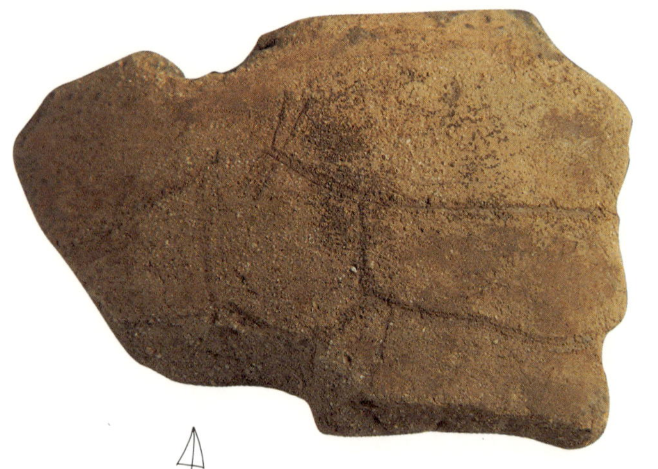

사슴이 그려진
빗살무늬 토기 조각

또 한 차례 발굴이 이루어졌다.

부산 동삼동 유적은 크게 3개의 문화층으로 나뉜다. 아래층에서는 바탕흙이 거칠고 무늬가 없는 이른 민무늬 토기와 덧무늬 토기가 나왔고, 가운데층에서는 밑이 뾰족하거나 둥근 빗살무늬 토기가 나왔다. 위층에서는 아가리 둘레에만 줄무늬가 있는 빗살무늬 토기와 무늬 없이 아가리를 접어 붙인 겹아가리 토기가 나왔다. 집터에서 발견된 숯을 방사성 탄소 연대 측정법으로 알아본 결과, 이 유적은 기원전 4800~1800년 무렵의 유적으로 밝혀졌다.

발견된 유물은 토기 이외에 석기도 있고, 동물 뼈와 물고기 뼈, 조개껍데기도 있었다. 석기는 뗀석기와 간석기가 같이 발견되었는데, 후기 신석기 시대에 농사를 지었음을 짐작케 하는 괭이와 갈돌이 나왔다. 아울러 도끼, 작살, 화살촉, 흑요석으로 만든 톱과 칼날 등도 발견되었다.

또 짐승의 뼈와 뿔로 만든 바늘, 화살촉, 낚싯바늘, 작살 등의 연장이 나왔고, 조개껍데기로 만든 팔찌와 사람 얼굴 모양의 조각품도 나왔다. 이 외에 흙으로 만든 조각품 등 갖가지 예술품이 발견되었다.

최근 부산 시립 박물관에서는 동삼동 정화 지역을 조사했는데, 사슴 두 마리가 그려진 빗살무늬 토기 조각이 발견되어 관심을 모으고 있다.

댐 공사를 하다가 찾아낸 진주 상촌리 유적

경상남도 진주의 상촌리 유적은 남강 다목적 댐 공사로 물에 잠기게 된 지역을 조사하다 찾아냈다. 이 상촌리 유적 중에서는 유적 B가 가장 규모가 크다.

유적 B는 마을 자리이다. 여기에서는 집터 16군데와 독무덤, 도랑, 돌무더기 등이 발견되었는데, 남부 지방에서 신석기 시대의 독무덤과 도랑이 발견된 것은 이번이 처음이다.

이 유적에서 나온 빗살무늬 토기는 무늬가 전체에 새겨져 있어 중기 신석기 시대의 특징을 보여 준다. 중부 지방의 빗살무늬 토기에 보이는 무늬가 남부 지방의 토기에 나타난 것 역시 이번이 처음이다. 한편 집터 바닥에 묻혀 있던 독무덤에서는 사람 뼈 조각들이 나왔는데, 그것을 통해 이곳 사람들의 장례 풍습을 엿볼 수 있다.

돌무더기에서는 토기, 석기, 숯, 불에 탄 도토리, 뼈 조각 등이 나와 돌무더기가 음식물을 조리하거나 제사를 지낼 때 쓰던 시설이 아닐까 짐작된다. 그러나 어떤 학자들은 죽은 사람을 화장하는 시설이라고 주장하기도 한다.

후기 신석기 시대에 만든 것으로 보이는 도랑은 우리나라에서 발견된 도랑 중 가장 오래되었다. 도랑 안에서는 갈돌, 갈판, 숫돌, 돌도끼, 긁개, 화살촉 따위가 나왔다. 이곳에서 나온 뗀석기 중에는 땅을 가는 데 쓰였던 보습이 가장 많았다. 또 불에 탄 밀과 보리 등도 발견되었는데, 이로써 상촌리 사람들이 밭농사를 지어 먹을거리를 마련했음을 알 수 있다.

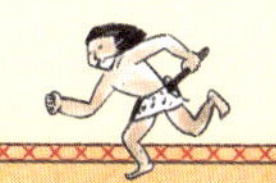

도랑

'환호' 라고도 부르는 고리 모양의 못으로, 둥글게 도랑을 파고 거기에 물을 채워 넣은 방어 시설의 하나이다. 낯선 사람이나 사나운 짐승이 함부로 마을에 들어오지 못하도록 막기 위해 만들었다.

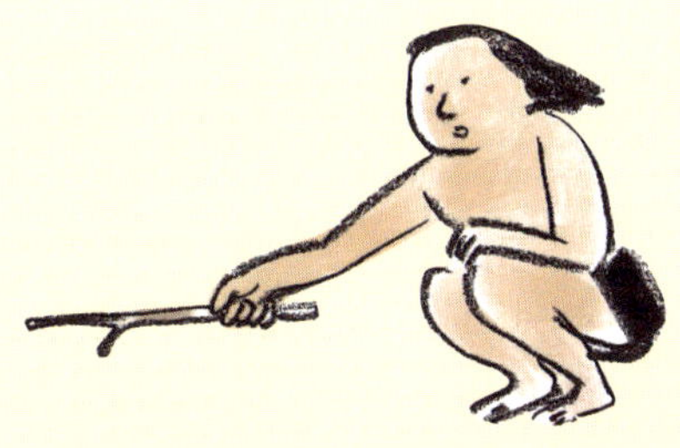

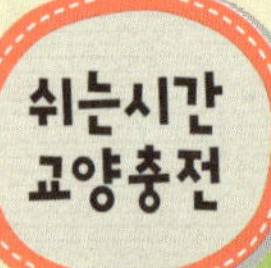

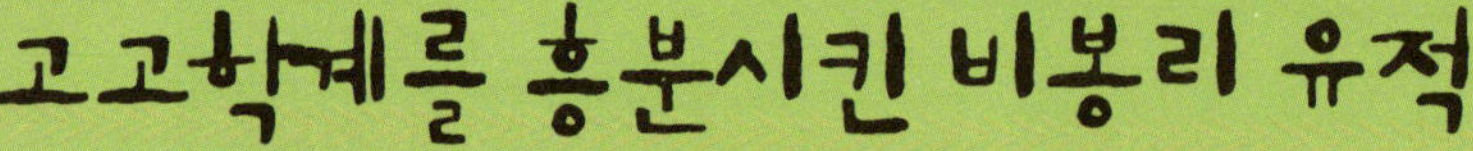고고학계를 흥분시킨 비봉리 유적

지난 2004년 11월부터 5개월 남짓 국립 김해 박물관에서 조사한 경상남도 창녕의 비봉리 유적은 다른 신석기 시대 유적에서는 보기 힘든 색다른 유물들이 나와 화제가 되었다. 도대체 어떤 유물들이 나왔기에 고고학자들이 흥분한 것일까?

① 8000년 전의 동물 그림이 그려진 토기

최근 부산 동삼동 유적에서 발견된 사슴 그림보다 더 이른 듯한 동물 그림이 확인되었다. 8000년쯤 전의 것으로 보이는 토기에 멧돼지 같은 동물 그림이 새겨져 있었다.

② 사람이나 동물의 똥 화석

전기 신석기 시대에 살았던 사람 또는 동물의 똥이 굳어서 된 화석이 나왔다. 뼛조각이 들어 있는 이 똥 화석은 우리나라 신석기 시대의 것으로는 처음 발견되었다. 일본에서는 '화장실 고고학' 이라고 하여 똥 화석에 대한 연구가 매우 활발하다.

③ 당시의 식생활을 보여 주는 자료들

도토리, 솔방울, 조개, 잉어 이빨, 상어 뼈, 사슴과 멧돼지 뼈 등을 통해 비봉리 사람들이 채집, 고기잡이, 사냥 생활을 했음을 알 수 있다. 개 뼈도 발견된 것으로 보아 개를 가축으로 길렀음을 짐작케 한다.

그리고 야외 화덕 자리와 불탄 조는 당시에 이미 밭농사가 이루어졌을 가능성이 있음을 알려준다. 또한 저장 구덩이에서 나온 불탄 도토리 가루는 음식물의 가공과 저장이 이루어졌음을 말해 준다. 따라서 신석기 시대 사람들이 어떤 먹을거리를 어떤 방법으로 얻고, 조리하고, 저장했는지를 보다 자세히 알 수 있다.

④ 가장 오래된 칼 모양 나무 그릇과 나무 말뚝

양쪽에 날이 선 칼 모양의 나무 그릇은 중기 신석기 시대 때의 도토리 저장 구덩이에서 발견되었다. 우리나라에서는 가장 오래된 것으로 신석기 시대 유적에서 나무 그릇이 나온 것은 이번이 처음이다. 또한 전기 신석기 시대 문화층에서는 끝 부분을 불에 태운 지름 5cm짜리 나무 말뚝이 발견되었다.

⑤ 8000년 전에 만든 나무배

비봉리 유적의 맨 아래층에서는 나무배가 발견되었다. 나무를 U자 모양으로 파내 만들었으며, 길이는 310cm, 폭은 60cm, 깊이는 20cm였다. 당시 사람들은 통나무로 배를 만들 때 군데군데 불에 태운 뒤 돌자귀로 깎아 내고 겉면을 다듬었다. 이 나무배는 우리나라에서 가장 오래된 것이며, 일본에서 가장 오래된 나무배보다도 2000년 이상 앞선 것으로 보인다.

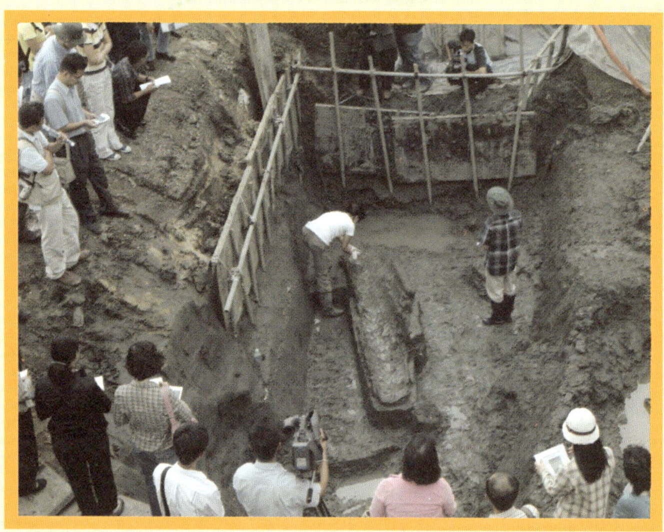

비봉리 유적의 맨 아래층에서 발견된 나무배

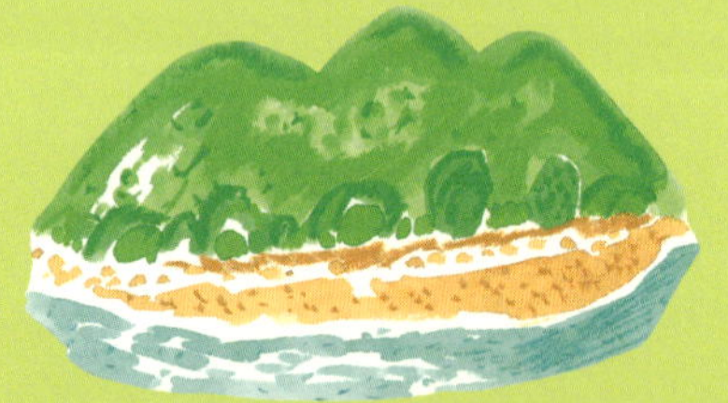

신석기 시대의 장례식 11

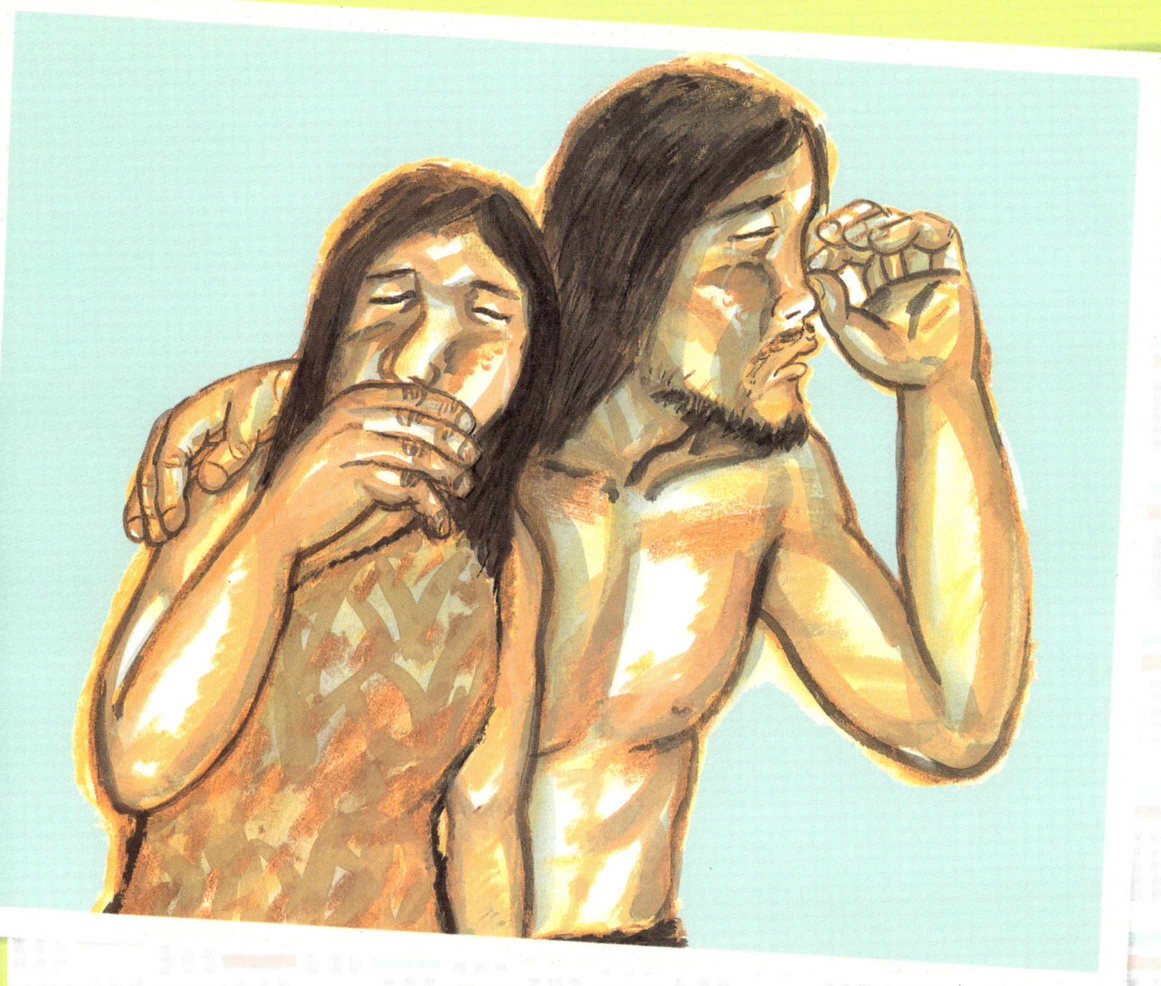

구석기 시대 사람들의 장례 풍습은 청원 두루봉 동굴에서 발견된 '흥수 아이' 를 통해
살펴볼 수 있었다. 그렇다면 생활의 모든 면이 이전보다 훨씬 나아진 신석기 시대에는
어떻게 장례를 치렀을까?

신석기 시대 사람들은 비록 몸은 죽었지만 영혼은 영원하다고 믿었다. 그래서 죽은 사람이 살았을 때 쓰던 물건이나 제사를 지낼 때 쓰던 도구들을 시체와 함께 묻어 주었다. 이 시대의 무덤은 함경북도 웅기 용수동과 송평동, 경상북도 울진 후포리, 부산 범방, 경상남도 통영 연대도의 조개더미 등지에서 찾을 수 있다.

무덤을 만드는 방법으로는 구덩이를 파고 시체를 묻은 구덩무덤, 토기를 묻고 그 속에 사람 뼈를 넣은 독무덤, 살던 동굴을 그대로 무덤으로 사용한 동굴 무덤이 있다.

통영 연대도 유적과 울진 후포리 유적

경상남도 통영 연대도는 한려 해상 국립공원 안에 있는 섬이다. 연대도 조개더미는 1987년부터 1993년까지 4차례에 걸쳐 발굴이 이루어졌다. 이 유적에서는 2개의 신석기 시대 문화층과 무리를 이룬 15기의 무덤이 발견되었다.

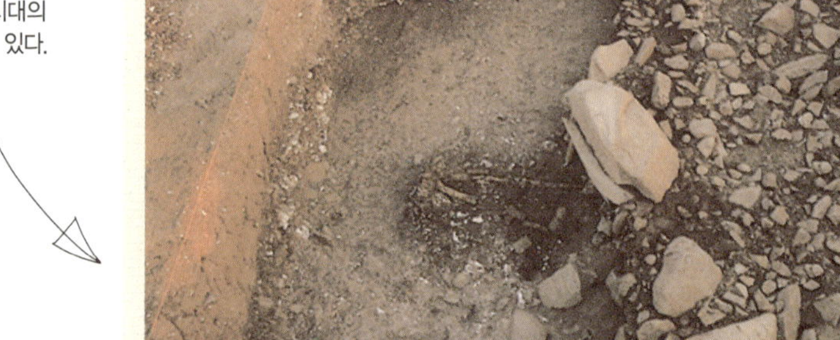

통영 연대도유적
우리나라 남해안 지역의 신석기 문화를 대표하는 유적지로 신석기 시대의 장례 풍습을 알 수 있다.

　그 가운데 13기의 무덤에서 신석기 시대의 사람 뼈가 나왔는데, 이를 통해 당시의 장례 풍습을 알 수 있었다. 이곳에서는 구덩이를 얕게 파고 시체를 곧게 펴서 똑바로 묻거나, 시체를 구부려 묻은 뒤에 토기·석기·장신구 등의 껴묻거리를 함께 넣고 그 위에 큰 돌을 얹는 방법을 사용했다.

　무덤 중에는 시체를 엎어 묻은 경우도 있고, 3명을 합장한 경우도 있는데, 무덤마다 어떤 껴묻거리를 얼마만큼 넣었느냐는 차이가 있다. 시체의 머리는 대개 바다를 향해 놓여 있었다. 이는 바다에서 먹을거리를 많이 얻었던 이곳 사람들의 생각이 담긴 풍습이다. 사람 뼈와 귀 부분에서는 잠수부에게 흔히 생기는 '외이도골증'이란 귓병이 확인되었다. 이로써 당시 사람들이 깊은 바닷속까지 들어가 해산물을 채취했음을 짐작할 수 있다.

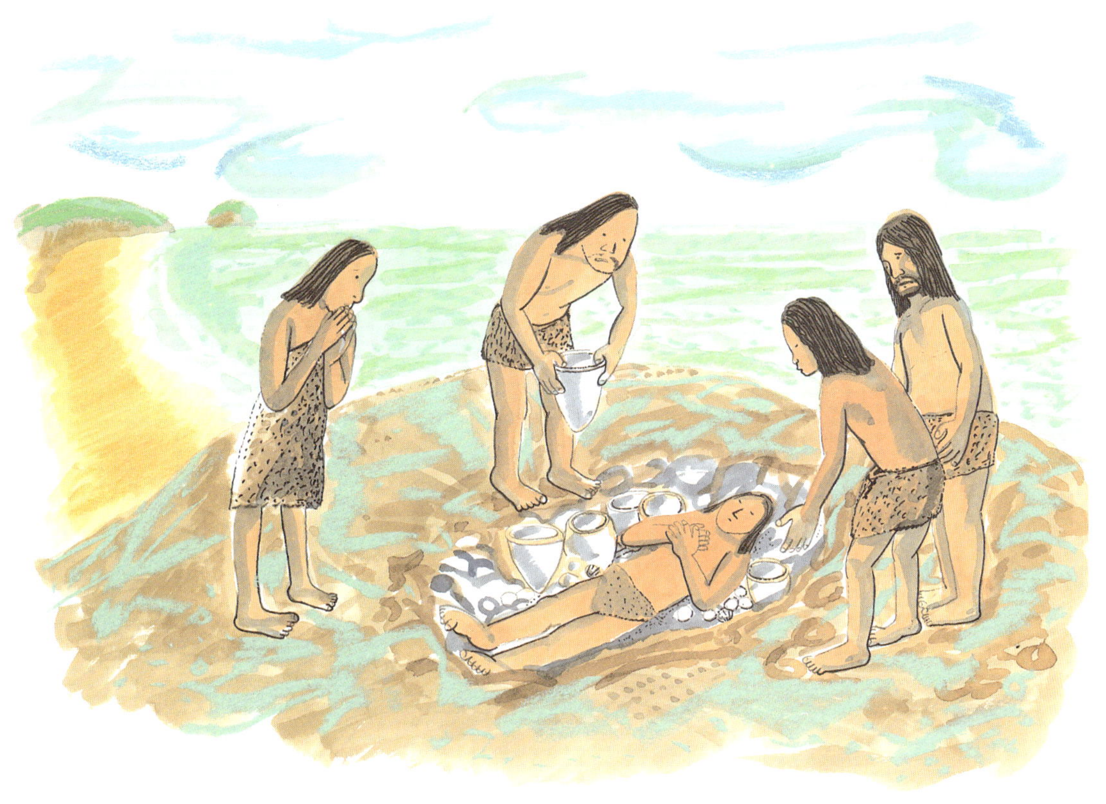

이 유적에서는 덧무늬 토기와 무늬를 새긴 토기가 함께 나왔고, 화살촉과 작살, 몸돌과 격지 같은 뗀석기, 도끼, 끌, 대패 같은 간석기, 그리고 이음낚시도 발견되었다. 또한 흑요석이 발견되어 일본 규슈지방과 교류가 있었음을 짐작케 한다.

뼈연장으로는 사슴 뼈로 만든 송곳과 찌르개가 많고, 이음낚시의 바늘이나 허리 부분도 발굴되었다. 장신구로는 조가비 팔찌를 비롯해 비녀, 치레걸이, 대롱옥 등 여러 종류가 나와 눈길을 끌었다.

통영 연대도 유적은 방사성 탄소 연대 측정법으로 조사한 결과, 기원전 5300~4600년 무렵에 이루어진 것으로 밝혀졌다. 이보다 앞서 발굴

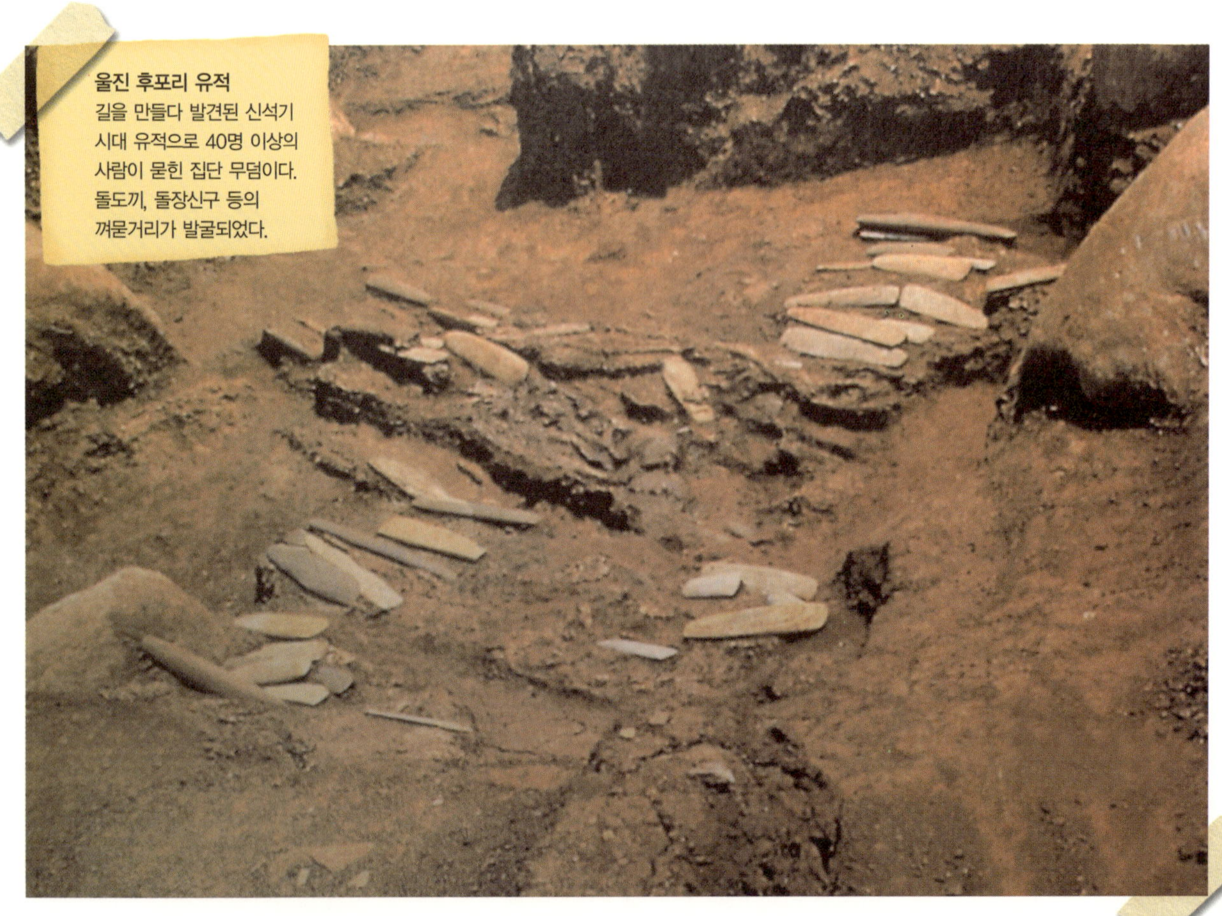

울진 후포리 유적
길을 만들다 발견된 신석기 시대 유적으로 40명 이상의 사람이 묻힌 집단 무덤이다. 돌도끼, 돌장신구 등의 껴묻거리가 발굴되었다.

된 통영 상노대도 유적과 조금 늦게 발굴된 부산 동삼동 유적과 함께 우리나라 남해안 지역의 신석기 문화를 대표하는 유적으로 평가받고 있다.

경상북도 울진의 후포리 유적은 동해 바닷가 등대산 꼭대기에 있다. 이 유적은 지름 4m 안팎의 타원형 구덩이에 40구가 넘는 시체를 함께 묻은 집단 무덤으로, 화강암으로 무덤 윤곽을 두르고 있다.

매장 방법은 뼈만 추려서 묻는 세골장이며, 그 위를 큰 돌도끼로 덮는 형식이었다. 시체의 머리는 남쪽과 북쪽을 향해 있었고, 무덤에서 나온 뼈는 남자와 여자가 절반씩이며, 대부분 20대의 젊은 사람들로 확인되었다.

껴묻거리로는 큰 돌도끼 180여 점과 작은 도끼, 장신구, 대롱옥, 돌송곳 등이 나왔다. 큰 돌도끼는 주로 시체를 덮는 데 쓰였는데, 크기는 20~30cm에서 50cm가 넘는 것도 있었다.

후포리 유적은 토기가 발견되지 않아 학자들 사이에 주장이 다르긴 하지만, 후기 신석기 시대의 중요한 집단 무덤 유적으로 평가받고 있다.

부산 동삼동 유적과 진주 상촌리 유적

독무덤은 전 세계에서 썼던 매장 방법으로 지역과 시기에 따라 형태를 달리한다. 독무덤은 토기에 시체나 뼈를 넣어 묻는 방법을 말하며, 우리나라에서도 신석기 시대 이후로 많이 사용되었다.

부산 동삼동 조개더미의 독무덤은 1999년에 정화 지역에서 처음으로 발견되었다. 오랫동안 묻혀 있어서 보존 상태는 좋지 않았지만, 독무덤의 형태나 매장 방법은 어느 정도 알 수 있었다.

이 독무덤은 길이 60cm, 너비 30cm 정도의 구덩이를 파고 그 안에 항아리를 뉘어 묻었는데, 크기로 보아 어린아이의 무덤으로 짐작된다. 어깨 부분에 둥근 손잡이가 여럿 달린 큰 항아리를 썼는데, 함께 나온

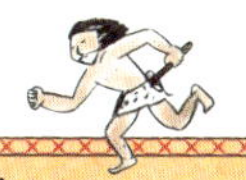

① 단독장 : 한 사람만 묻는 방법이다.
② 합장 : 두 사람 이상을 함께 묻는 방법이다.
③ 이차장 : 시체를 한데 놓아 두어 살점이 완전히 떨어져 나간 뒤에 뼈만 추려서 묻는 방법으로, '세골장'이라고도 한다.
④ 화장 : 시체를 불에 태운 뒤 뼈만 추려서 묻는 방법으로, 이차장에 속하는 방법이다.

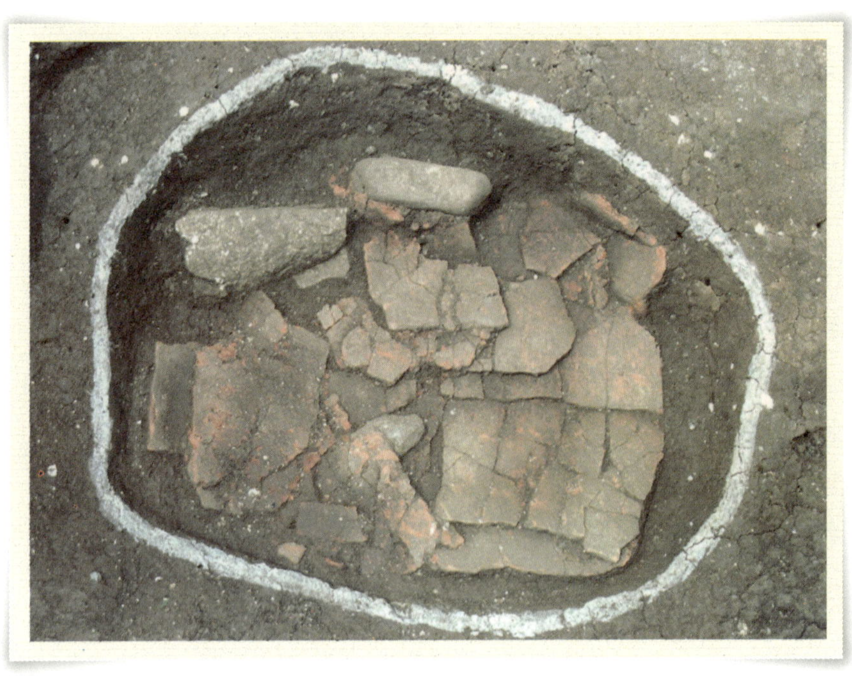

유물로 보아 7000년쯤 전에 만들어진 무덤으로 추측된다.

동삼동 조개더미의 독무덤은 지금까지 우리나라에서 발견된 독무덤 중 가장 오래된 것이며, 신석기 시대의 무덤과 장례 풍습을 연구하는 데 중요한 자료가 되고 있다.

경상남도 진주 상촌리의 독무덤은 집터 한 곳에서 2기가 발견되었다. 독무덤들은 집터 벽 쪽에 묻혀 있었는데, 그중 하나는 밑이 뾰족한 토기로 바닥에는 구멍을 메운 흔적이 있으며, 화장된 어른 뼈가 담겨 있었다. 다른 하나는 높이 40cm, 지름 38cm로 밑이 뾰족한 빗살무늬 토기 모양이며, 역시 화장된 어른 뼈가 들어 있었다. 그 밖에 다른 집터의 안팎에서도 사람 뼛조각이 발견되었다.

강원도 춘천의 교동 동굴

강원도 춘천 교동 동굴은 시내에 있는 봉의산 동쪽 산비탈에 있다.

이 유적은 1963년에 한 대학교 건물을 짓다가 발견된 것으로 사람 뼈와 토기, 석기 등의 유물이 나왔다.

교동 동굴은 비바람에 깎인 화강암 바위를 다시 사람이 파서 만든 것으로, 지름 4m 정도의 원형이고 최고 높이는 2.1m이다. 사람 뼈는 3명 것으로, 발을 가운데에 모으고 머리는 각각 동쪽, 서쪽, 남쪽을 향하고 있었으며, 30㎝ 두께의 고운 흙에 덮여 있었다.

이곳에서 발견된 유물로는 후포리 유적에서 나온 것과 같은 큰 돌도끼, 돌끌, 돌망치, 돌화살촉, 돌송곳, 이음낚시 같은 석기들, 밑이 납작한 빗살무늬 토기와 대롱옥, 수정 조각 등이 있다.

처음 발견되었을 때 동굴 천장에 남아 있던 그을음과 토기에 붙어 있던 찌꺼기를 조사한 결과 이곳에 살았던 사람들이 불을 피워 난방과 조리를 하며 생활하다가 나중에 어떤 까닭으로 사람들이 죽자 동굴에 묻고 다른 곳으로 떠난 것으로 보인다.

이 유적은 그동안 후기 신석기 시대의 것이라고 여겨졌으나, 양양 오산리 유적과 토기 모양이 비슷하고 이음낚시를 사용했던 점 등을 들어 중기 신석기 시대 이전의 것이라는 주장도 나오고 있다.

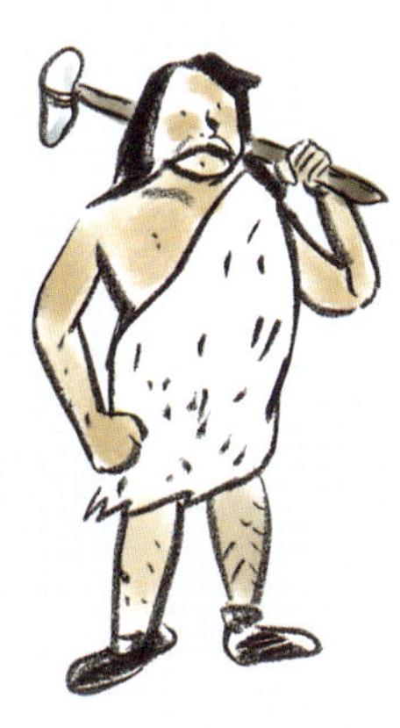

신석기 시대의 장례 풍습

Q 신석기 시대 사람들은 시체를 묻을 때 모두 동쪽으로 머리를 두었을까?

A 아니다.

통영 연대도 조개더미 유적에서는 서쪽으로, 통영 상노대도와 웅기 용수동에서는 동쪽으로, 울진 후포리 유적에서는 북쪽으로, 춘천 교동 동굴에서는 동쪽, 서쪽, 남쪽으로 각각 머리를 두었다.

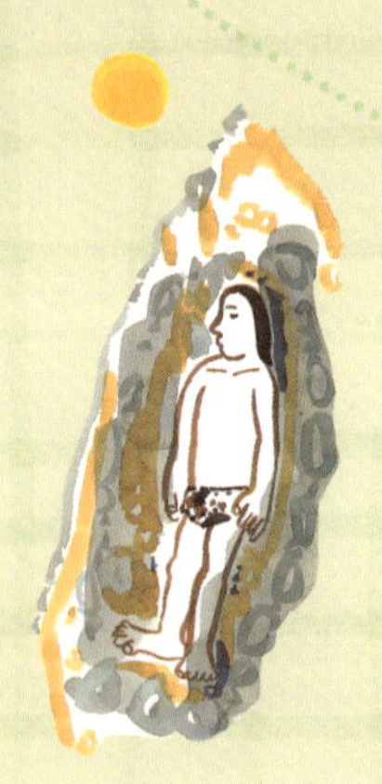

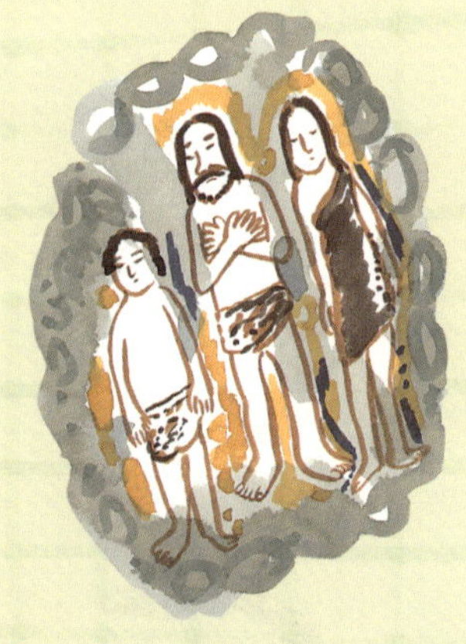

Q 신석기 시대에도 과연 합장이 이루어졌을까?

A 그렇다.

춘천 교동 동굴에 3명, 울진 후포리 유적에 40명, 통영 연대도 유적에 3명이 함께 묻혀 있었던 흔적을 찾을 수 있다.

Q 신석기 시대에 무덤을 만드는 방법에는 어떤 것이 있었을까?

A 구덩무덤, 독무덤, 동굴 무덤

구덩무덤은 땅에 구덩이를 파고 시체를 묻는 방법으로 껴묻거리를 함께 넣고 그 위에 큰 돌을 얹는다. 독무덤은 토기에 시체나 뼈를 넣어 묻는 방법이다. 그리고 동굴 무덤은 살던 동굴을 그대로 무덤으로 사용하는 방법이다.

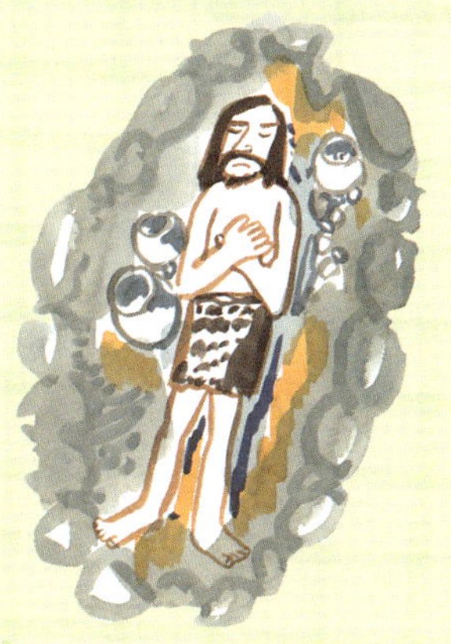

Q 신석기 시대에 신분의 높고 낮음이 있었을까?

A 아니다.

통영 연대도 조개더미 유적에서 발견된 무덤 중에서 다른 무덤에 비해 껴묻거리가 많은 것이 있기는 하지만 현재까지 신석기 시대에는 신분의 높고 낮음이 없는 것으로 알려져 있다.

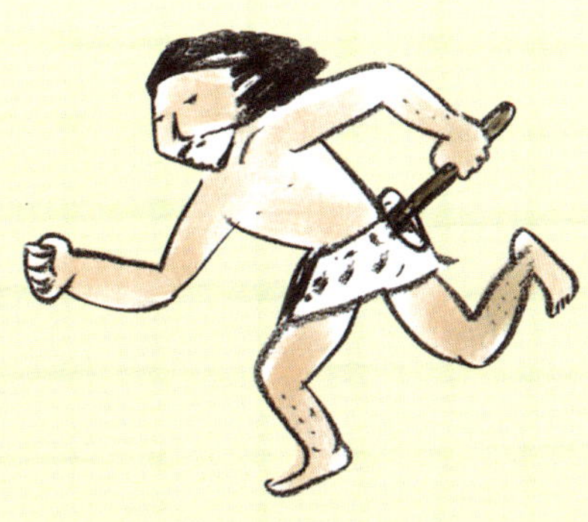

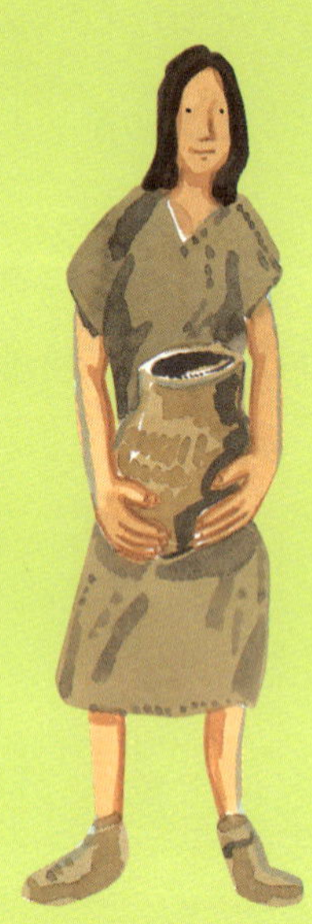

청동기 시대 12
사람들의 생활

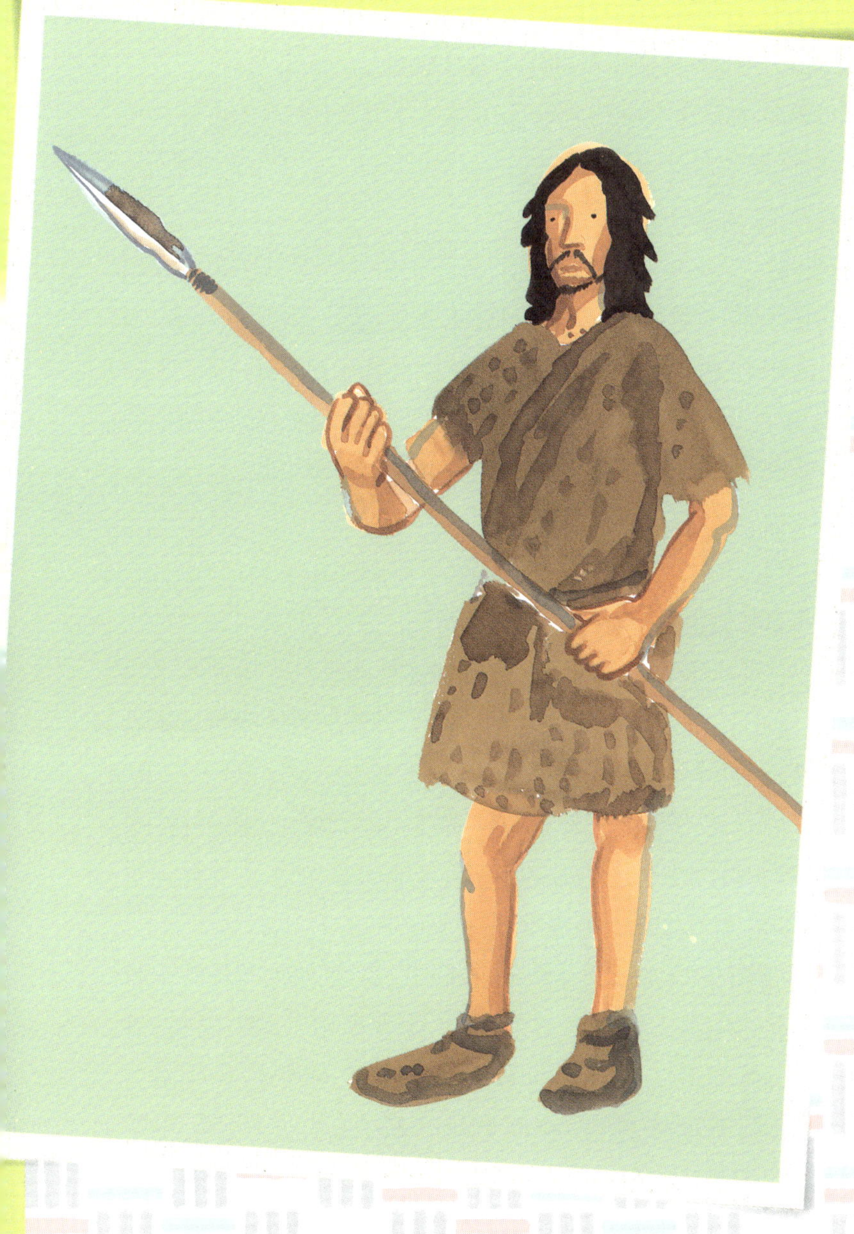

빗살무늬 토기를 많이 사용했던 신석기 시대가 끝나고 민무늬 토기를 주로 썼던 청동기 시대가
시작되었다. 3000년도 더 거슬러 올라가는 옛날, 이 땅에 나타난 청동기 문화는 어떤 특징을 지녔을까?
또 청동기 시대 사람들은 무엇을 먹고, 무엇을 입고, 무슨 생각을 하며 살아갔을까?

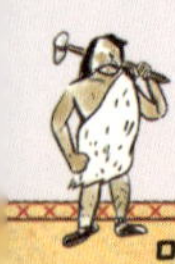

① 구멍무늬 토기 : 동북 지방에서 주로 나타나는 토기로, 한강 유역에서도 발굴된다. 아가리 주위에 돌아가면서 구멍을 뚫거나 반쯤 구멍을 뚫어 무늬를 넣은 것이 특징이다.

② 덧띠 토기 : 아가리 바깥쪽에 진흙으로 띠를 말아 붙인 것이 특징이다. 청동 검, 검은 간토기와 함께 발견되는 경우가 많다.

③ 붉은 간 토기 : 다른 민무늬 토기에 비해 바탕흙이 매우 곱고, 산화철을 발라 붉은빛을 내고, 겉면을 갈아 반들반들하게 만든 토기이다. 서북 지방을 뺀 나머지 지역에서 발견된다.

④ 검은 간 토기 : 고운 바탕흙으로 토기를 빚어 흑연이나 망간을 발라 검은빛을 내고, 겉면을 갈아 반들반들하게 만든 토기이다. 주로 충청 지역의 돌널무덤에서 청동기, 덧띠 토기와 함께 발견된다.

⑤ 가지무늬 토기 : 회백색이 도는 고운 바탕흙을 썼으며, 붉은 간토기와 비슷하게 둥근 몸체에 목이 짧은 토기이다. 어깨 부분에 가지 모양의 검은색 무늬가 있는데, 대부분 고인돌이나 돌널무덤의 껴묻거리로 발견된다.

빗살무늬 토기를 많이 쓰던 신석기 시대가 끝나면서 민무늬 토기를 주로 쓰는 청동기 시대가 시작되었다. 빗살무늬 토기 유적들은 대개 강가나 바닷가에 자리하고 있는 데 비해, 민무늬 토기 유적들은 앞에는 강이 흐르고 뒤에는 야산이 자리한 곳에서 많이 발견되고 있다.

우리나라의 청동기 시대는 기원전 10세기 무렵, 만주 랴오닝 성 지역에서 한반도 북부로 흘러들어 온 것으로 보이지만, 그 시기에 대해서는 학자들 사이에 의견이 서로 다르다.

이 시대에는 땅을 파서 움집을 짓고 마을을 이루어 살았는데, 민무늬 토기와 더불어 다양한 석기가 만들어졌다. 또한 청동 검, 청동 거울, 청동 방울 등 여러 가지 청동기가 만들어졌다. 청동기 시대의 유적으로는 집자리와 함께 무덤이 많은데, 무덤 형식으로는 고인돌, 돌널무덤, 독무덤, 구덩무덤 등이 있다. 그중 대표적인 것이 고인돌이다.

청동기 시대에 썼던 도구들

청동기 시대는 석기를 쓰던 사람들이 새롭게 청동기를 만들어 쓰기 시작한 시대이다. 청동이란, 구리에 주석이나 아연을 섞어 구리보다 단단하게 만든 것이다.

그러나 청동으로 생활 도구를 만들어 쓴 경우는 드물다. 왜냐하면 청동은 귀해서 구하기가 힘들었고, 거푸집을 만들어야 하는 등 제작 과정이 복잡했으며, 석기보다 쉽게 망가졌기 때문이다.

따라서 청동기 시대에도 농사를 짓거나 사냥을 할 때는 청동기가 아니라 주로 간석기를 사용했다. 농기구로는 돌괭이, 반달돌칼, 돌낫, 갈돌과 갈판 등이 쓰였고, 공구로는 돌도끼, 홈자귀, 대팻날, 돌끌 등이 많이 쓰였다. 그리고 사냥 도구나 전쟁 무기로는 돌검, 돌화살촉, 돌창 등이 쓰였고, 지배자의 권위를 나타내는 도구로는 달도끼와 별도끼가 쓰였다. 이 외에 생활 도구로는 가락바퀴, 그물추, 바늘 등이 있어 당시의 생활 모습을 전해 준다.

　청동기 시대에는 황갈색이나 적갈색을 띤 민무늬 토기가 많이 쓰였다. 굵은 모래나 장석이 섞인 바탕흙을 썼으며, 화분 같은 납작바닥이 기본 모양이다. 이 시대의 토기는 지역마다 다른 특징을 보이는데, 평안도와 황해도 같은 서북 지방에서는 밑이 좁은 팽이 토기, 함경도와 동해안 북부 같은 동북 지방에서는 구멍무늬 토기, 그리고 한강 이남의 남부 지방에서는 민무늬 토기가 주로 나타난다.

　남부 지방의 민무늬 토기로는 서남부 지방을 대표하는 송국리형 토기와 함께 다른 지방의 영향을 받은 변형 팽이 토기, 구멍무늬 토기, 덧띠 토기 등이 있다. 그 밖에 의식이나 제사에 쓰인 특수한 토기도 있는데, 붉은 간 토기와 검은 간 토기, 가지무늬 토기 등이 바로 그것이다.

　이처럼 청동기 시대에도 실생활에 필요한 도구들은 여전히 돌로 만들어졌다. 그렇다면 청동은 어디에 쓰였을까? 청동으로는 검, 거울, 가지 방울 같은 무기나 장신구, 의식에 쓰이는 도구를 만들었다. 이러한 청동기는 몇몇 지배자들만 지닐 수 있었던 귀중품이자 신분을 나타내는 물건이었다.

송국리형 토기
부여 송국리에서 출토된 민무늬 토기이다.

보다 넉넉해진 청동기 시대의 생활

　청동기 시대에는 강가나 바닷가의 야산이나 언덕에 움집을 짓고 마을을 이루어 살았다. 마을은 10집 안팎의 작은 규모도 있지만, 100집이 넘는 커다란 마을도 있었다.

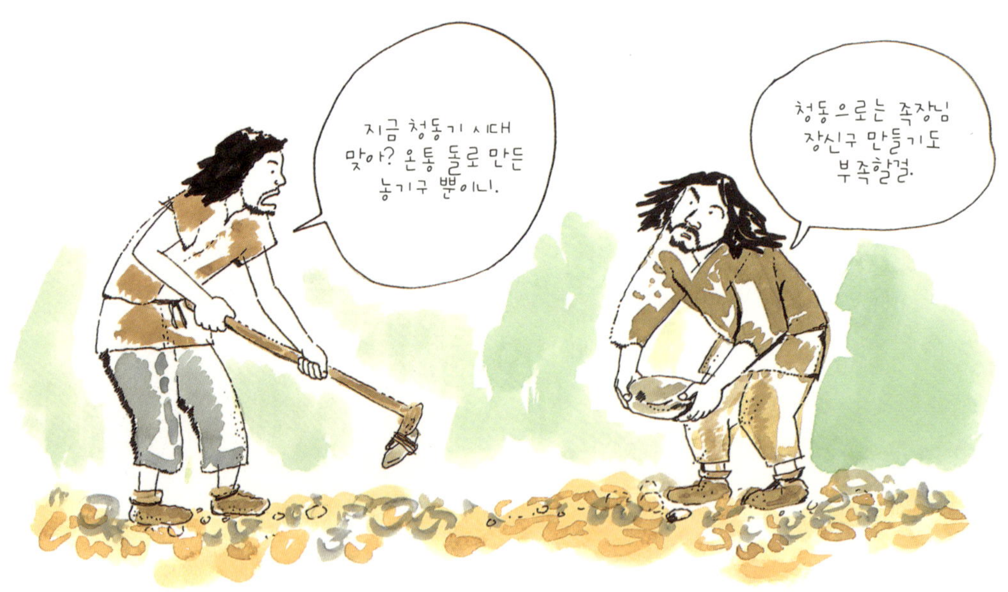

집터의 형태는 네모꼴이 대부분인데, 종종 둥근 집터도 발견된다. 이 무렵에는 신석기 시대에 비해 집 크기가 커지고, 땅바닥을 파는 깊이는 얕아졌다. 또 난방을 위해 구들을 깐 집도 나타나기 시작했다.

청동기 시대에는 경제 생활도 크게 변했는데, 정착 생활을 하면서 농사의 중요성이 더욱 커진 것이다. 그래서 조, 피, 수수, 보리, 콩 같은 잡곡 농사와 함께 벼농사가 늘어났으며, 사냥과 고기잡이의 비중은 점점 줄어들었다.

벼농사는 후기 신석기 시대에 시작되어 청동기 시대에 널리 퍼졌다. 여주 흔암리, 평양 남경, 부여 송국리 유적 등에서 불에 탄 볍씨가 나왔고, 논산 마전리와 울산 옥현 등에서는 벼농사를 짓던 논이 확인되어 우리나라 곳곳에서 벼농사가 이루어졌음을 알 수 있다.

이전까지의 농사는 그저 맨땅을 파서 거기에다 씨앗을 뿌렸다. 그러나 청동기 시대부터는 돌삽, 보습, 괭이, 따비 등으로 땅을 깊이 파서 고랑을 만든 다음 씨앗을 뿌렸다. 그렇게 뿌린 씨앗은 가을이 되면 더

욱 많은 결실을 맺고, 누렇게 익은 곡식은 반달돌칼이나 돌낫으로 거두
어들였다. 한마디로 농사 기술이 더욱 발달한 것이다.

　농사를 지어 식량을 마련했지만 강가나 바닷가 마을에서는 여전히
고기잡이에 힘을 쏟았다. 낚싯바늘 등 고기잡이 도구는 더욱 발달했고,
통나무배를 만드는 기술도 발달하여 먼 바다까지 고기를 잡으러 나갔
다. 울주 반구대의 바위그림에는 작살을 맞은 고래가 새겨져 있는데,
이것은 그 무렵에 고래잡이가 매우 활발했음을 말해 준다.

　청동기 시대에는 신석기 시대에 비해 사냥 도구가 크게 발달하지는
못했다. 그래도 사냥은 여전히 중요했다. 수확을 끝낸 늦가을과 겨울에
는 수십 명의 사람들이 함께 몰이사냥을 했다. 사냥한 짐승 중에 더러
는 우리에 가두어 가축으로 길렀다.

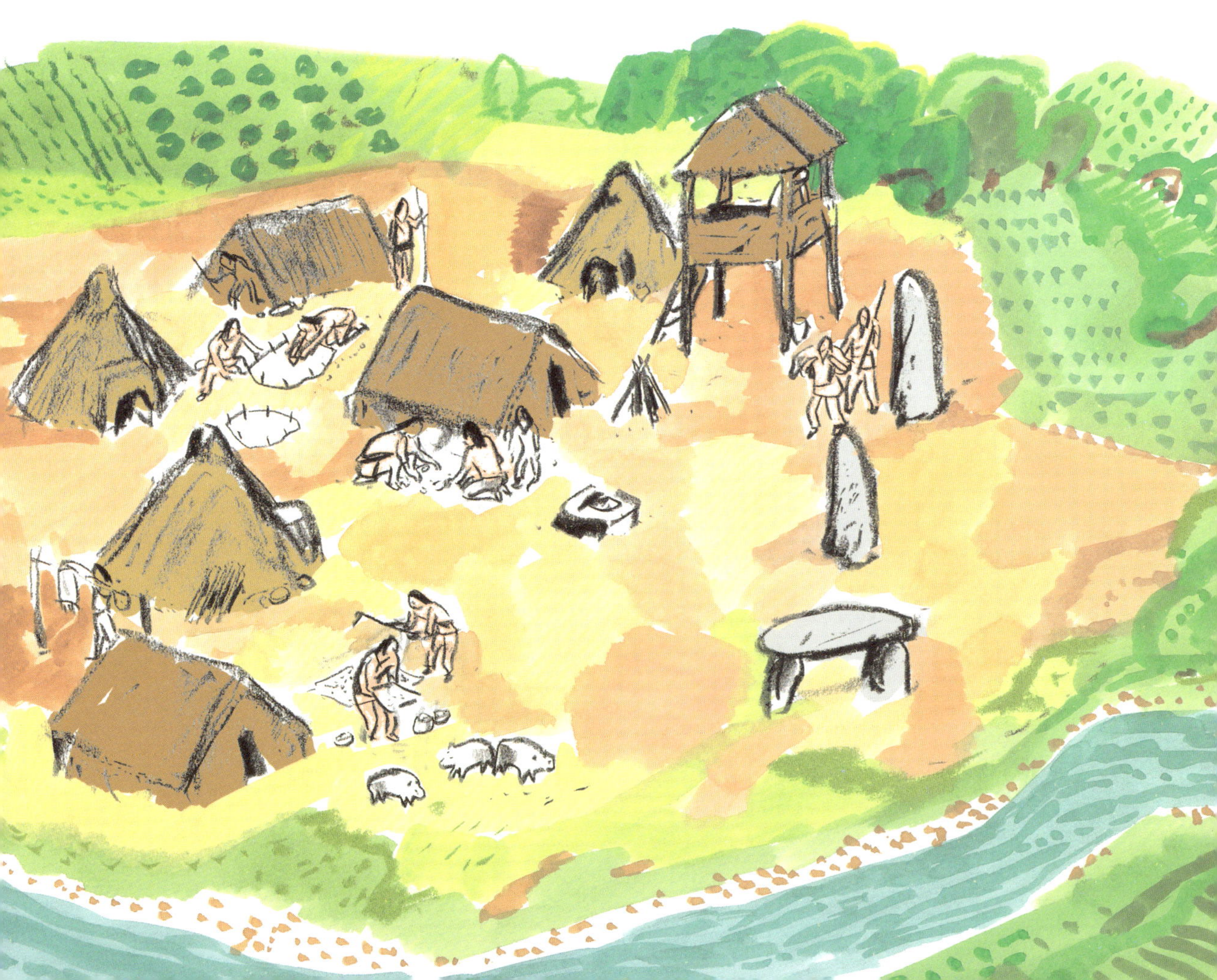

　이미 신석기 시대부터 가축을 기르기 시작했지만, 청동기 시대에 이르러 목축이 널리 이루어졌다. 함경북도 무산 범의구석 유적에서 20마리나 되는 돼지 뼈가 나온 것으로 보아 멧돼지를 길들여 가축으로 길렀음을 알 수 있다.

청동기 시대의 사회

　청동기 시대에는 농사와 목축이 발달하여 모든 사람이 배를 채울 수 있었다. 따라서 먹고 남은 식량, 즉 잉여 생산물이 생기게 되었다. 그러

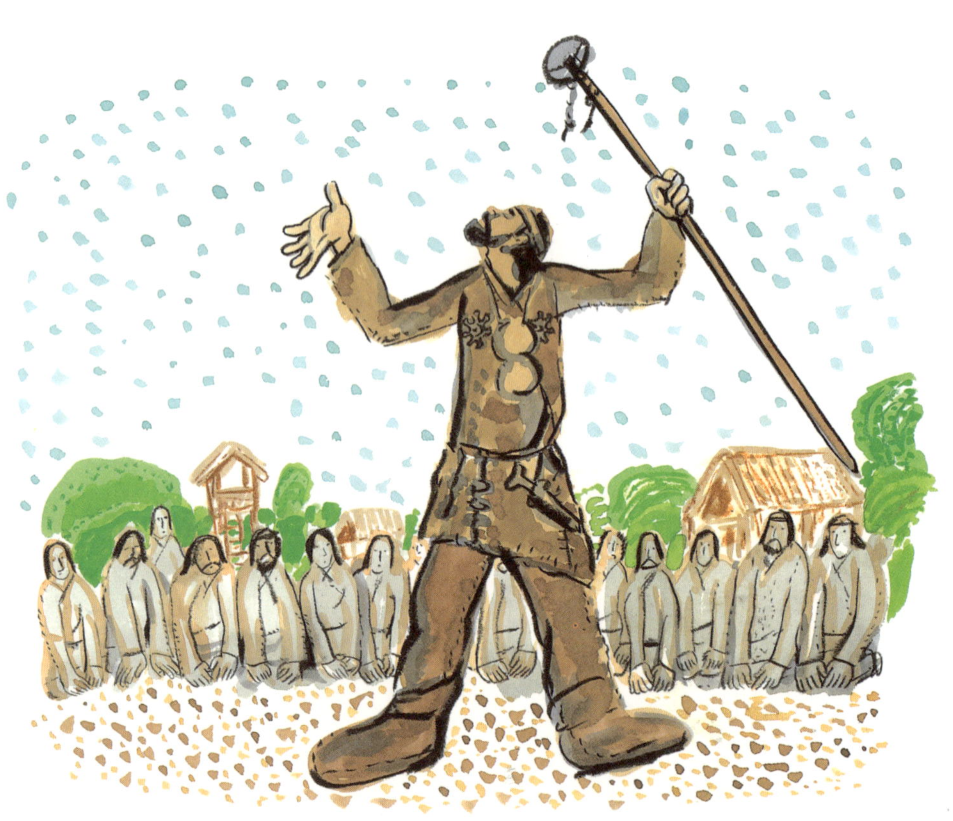

면서 사유 재산 제도가 생겨났고, 재산에 따라 부자와 가난한 사람의 차이가 생겼으며, 계급에 따라 강자와 약자가 나뉘게 되었다. 그 결과, 부와 권력을 가진 족장이 나타났다. 족장은 세력을 키워 이웃 마을을 아우르면서 점점 큰 마을을 만들어 갔다.

이 무렵 마을과 마을 사이에는 정복 전쟁이 끊이지 않았다. 칼이나 창, 화살촉 같은 무기가 많이 발견되는 것을 보면, 당시에 전쟁이 자주 일어났음을 알 수 있다. 농사와 목축, 그리고 전쟁에는 힘센 남자가 필요했다. 따라서 청동기 시대에는 남자들의 지위가 높아져 모계 중심 사회에서 부계 중심 사회로 바뀌게 되었다.

이 시대에는 마을을 다스리던 족장이 제사까지 도맡아 했다. 족장은 제사를 지내면서 신에게 소원을 비는 신분이었기 때문에 귀한 청동기를 몸에 지닐 수 있었다. 족장은 햇빛을 되쏘아 눈부신 빛을 내는 청동 거울을 목에 걸고 청동 방울을 흔들며, 제사를 통해 신의 뜻을 마을 사람들에게 전했다. 달도끼와 별도끼 같은 제사용 도구를 든 족장은 그 시대의 강한 권력자였다.

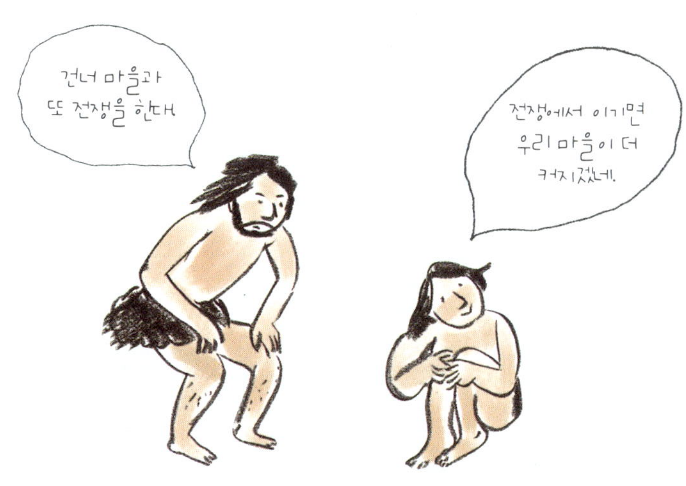

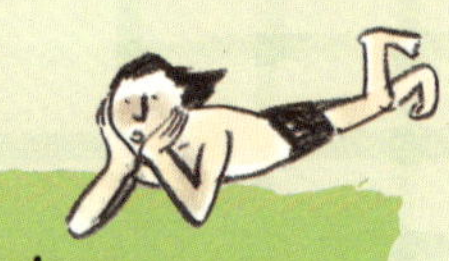

우리나라의 청동기 시대는 과연 언제부터일까?

신석기 시대가 끝날 무렵 사람들 사이에 좋은 농토를 차지하고, 남는 식량을 더 많이 가져가기 위한 다툼이 시작되었다. 이로써 몇 백만 년 동안 똑같이 일하고, 똑같이 나누던 공동체 생활이 무너지고 있었다.

또한 강력한 힘을 가진 지배자가 나타나고, 싸움이 잦아지면서 무기도 발달했다. 지배자들은 보다 강한 무기를 찾게 되었고, 돌로 만든 검과는 비교도 안 되게 날카롭고 강한 청동검을 만들게 되었다.

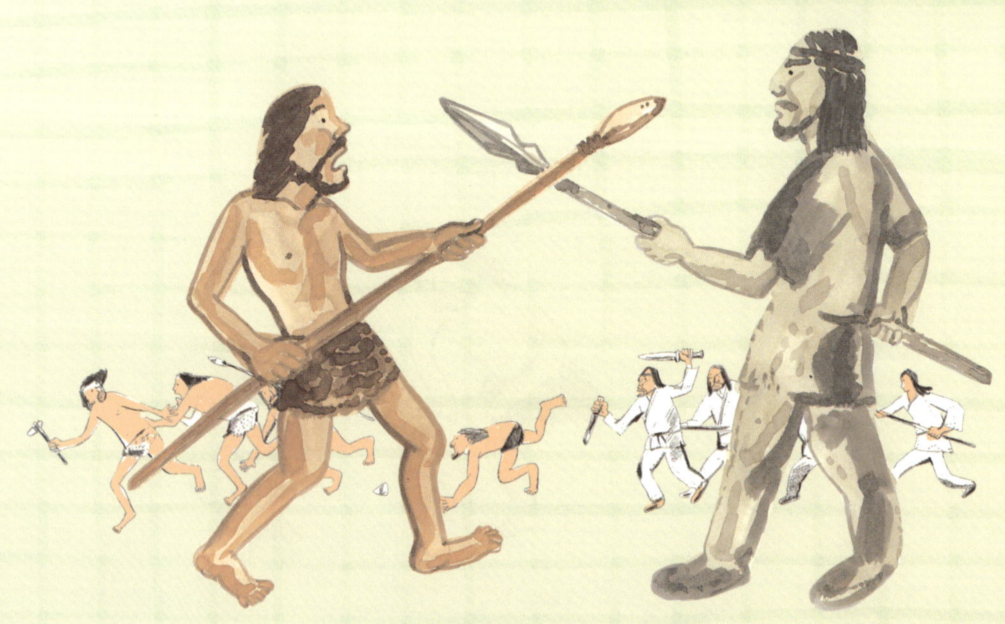

　이렇게 무기와 제사 지내는 도구들을 청동기로 만들어 썼던 시대를 청동기 시대라고 하는데, 지금까지 고고학계에서는 기원전 10세기 무렵부터 우리나라에서 청동기 시대가 시작되었다고 보고 있다.

　그러나 북한 지역은 몰라도 남한에서 청동기 시대가 시작된 때는 지금까지 알려진 것보다 훨씬 거슬러 올라갈 것으로 보인다.

　최근 진주 남강댐 공사로 물에 잠기게 된 지역을 조사한 결과, 기원전 15세기 무렵의 유적으로 밝혀졌다. 또한 강릉 교동과 방내리 유적도 기원전 19~14세기 무렵의 것이라고 하며, 순천 죽내리 유적도 기원전 16~15세기 무렵의 것으로 확인되었다. 그리고 근래에 조사된 춘천 천전리 유적과 신매리 신매대교 유적도 기원전 13~11세기 무렵의 것으로 확인되고 있다.

　또한 매우 발달된 기술로만 만들 수 있는 비파형 동검이 나온 대전 비래동 고인돌 유적, 청동 도끼가 나온 속초 조양동 유적이 기원전 10세기 무렵의 것으로 밝혀짐에 따라 그보다 거친 청동기가 만들어진 때는 당연히 더 이른 시기라고 볼 수 있다.

　이와 같은 조사 결과는 상당히 믿을 만하고, 또 북한 고고학계가 기원전 20세기 무렵에 청동기 시대가 시작되었다고 주장하는 점으로 볼 때, 우리나라의 청동기 시대는 기원전 20~15세기쯤으로 수정될 가능성이 높다.

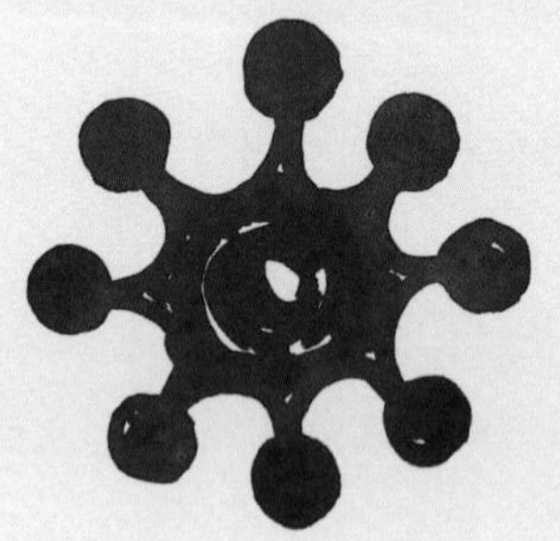

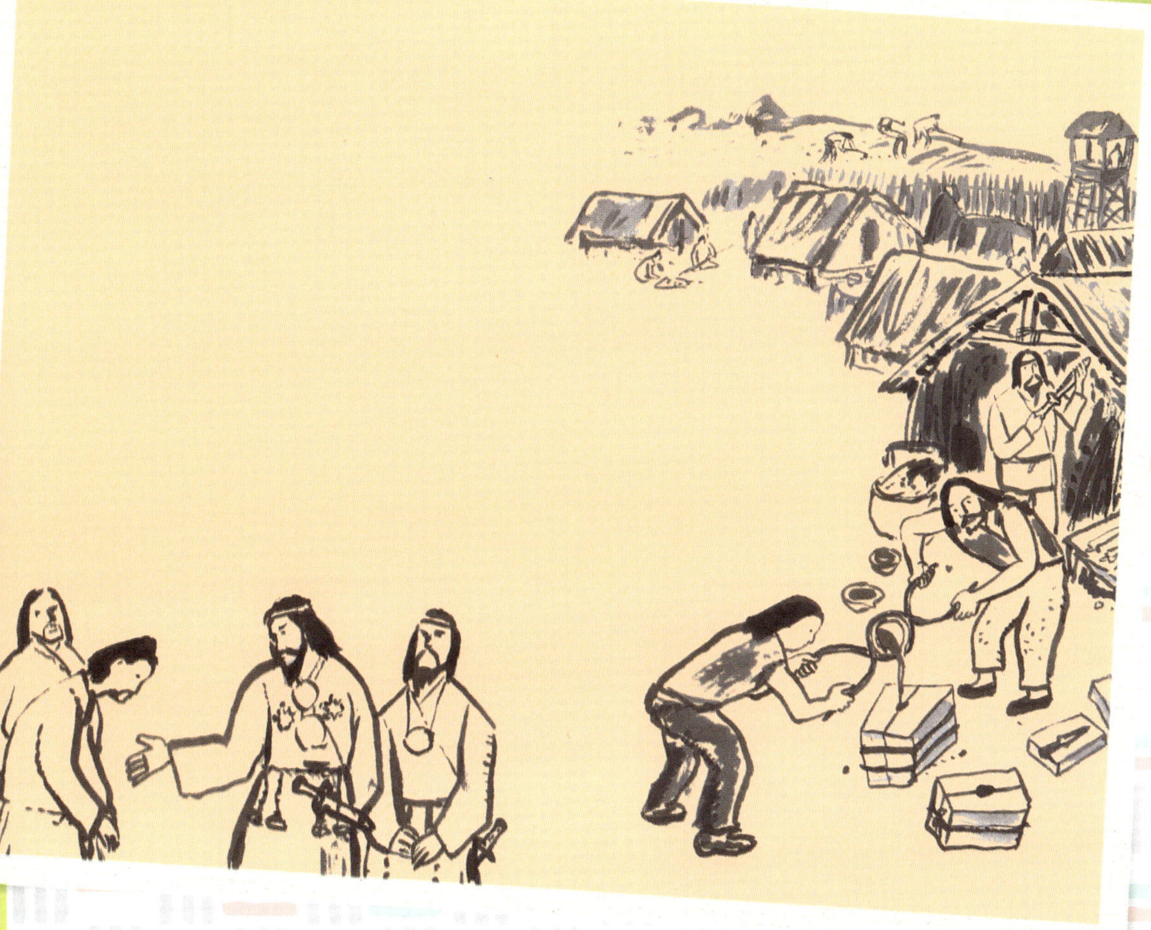

청동기 시대에는 농사와 목축의 발달로 이전보다 생활이 훨씬 넉넉해졌다. 그래서 사유 재산 제도와 계급이 생겨나는 등 사회 전체에 커다란 변화가 일기 시작했다. 발굴되는 유물도 세형동검, 방패형 동기, 청동 종방울, 청동 독기, 청동 팔주령 등 청동으로 만들어진 것이 많다.

우리나라에서 기원전 10세기 무렵부터 시작된 청동기 시대는 민무늬 토기와 발달된 석기, 청동기를 특징으로 한다. 이 시대는 농사와 목축의 발달로 이전보다 생활이 훨씬 넉넉해졌다. 따라서 사유 재산 제도와 계급이 생겨나는 등 사회적으로 큰 변화가 있었다.

남한 최초의 벼농사 흔적, 여주 흔암리 유적

남한강 주변에 있는 경기도 여주의 흔암리 유적은 전기 청동기 시대의 대표적인 마을 자리로, 동북 지방과 서북 지방의 문화가 한강 유역에서 만나 활발한 교류가 이루어졌음을 잘 보여 준다.

강가의 야산에 자리한 흔암리 유적은 여러 차례 발굴을 통해 집터 16군데가 확인되었다. 집터는 산비탈을 L자 모양으로 파서 만들었는데, 크기는 저마다 달랐다. 집터 안쪽에는 화덕과 출입문, 저장 구덩이, 선반 등이 있었다.

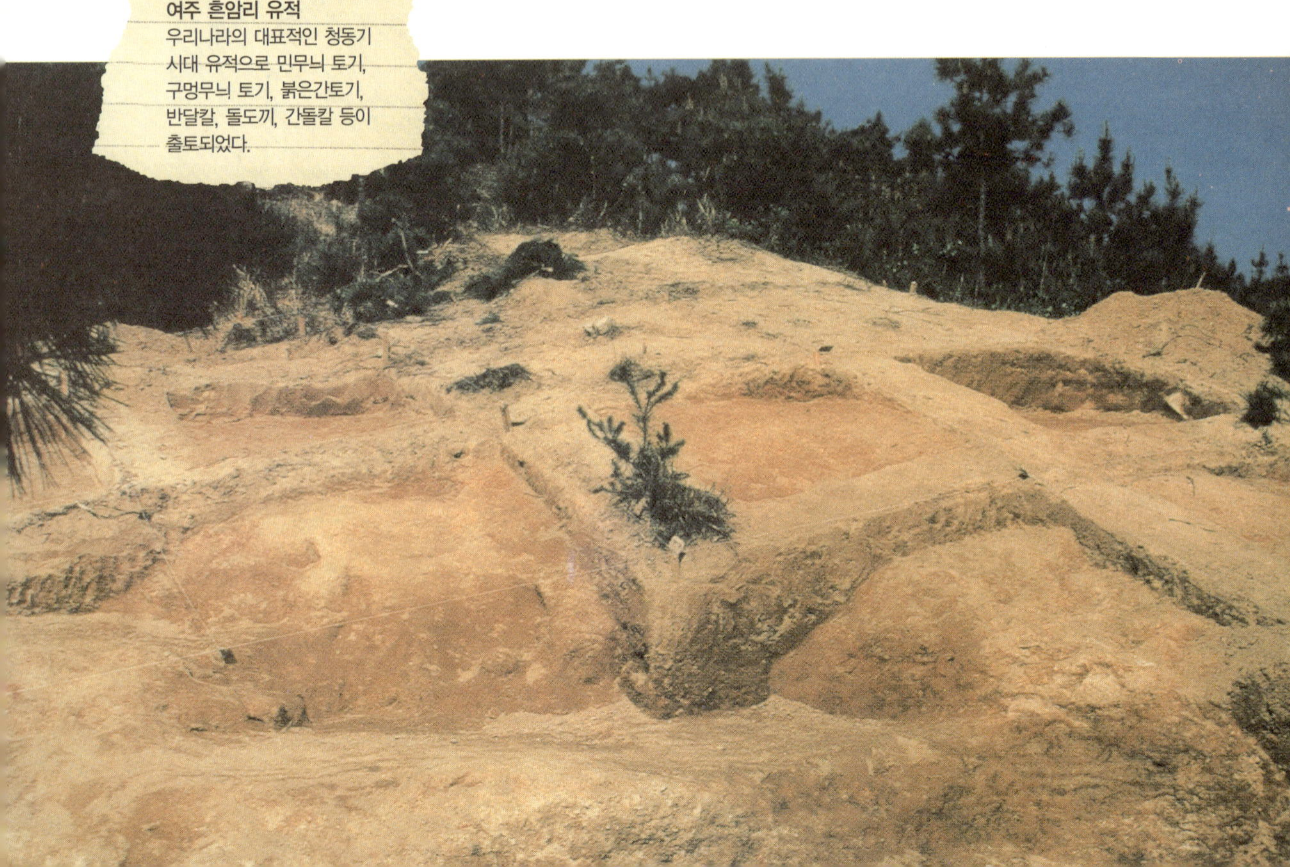

이 유적에서는 동북 지방과 서북 지방의 토기가 함께 나왔고, 두 지방의 토기 형식이 섞인 '흔암리식 토기'도 나왔다. 아울러 간돌칼과 반달돌칼, 도끼, 화살촉, 보습, 갈판과 갈돌 등 다양한 석기도 발견되었다. 농작물로는 보리와 콩, 불에 탄 쌀이 많이 나왔는데, 이것은 남한에서 처음으로 발견된 벼농사 흔적이란 점에서 매우 뜻이 깊다.

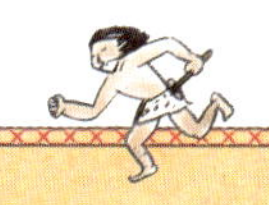

우리나라에서 벼농사가 시작된 것이 후기 신석기 시대부터라는 주장은 청동기 시대에 접어들어 평양 남경, 여주 흔암리, 부여 송국리, 진주 대평리 등에서 불에 탄 쌀이 발견되면서 설득력을 갖게 되었다.

고랑과 이랑을 갖춘 밭, 진주 어은리 유적

경상남도 진주의 어은리 유적은 남강 주변에 있다. 2만여 평에 이르는 이 유적에서는 집터 120군데와 밭 4,000여 평, 야외 화덕 40여 기와 무덤 20여 기가 발굴되었다. 집터는 한곳에 모여 있는데, 비교적 규모가 큰 것이 많다. 그중 가장 큰 집터는 69평(길이 22m, 폭 9.5m)에 이른다.

강가 모래밭에서는 4,000평이나 되는 밭이 확인되었다. 밭은 고랑과 이랑을 갖추었으며, 쌀 · 보리 · 조 · 수수 같은 곡식도 발견되었다.

그동안 청동기 시대 사람들이 한곳에 터를 잡고 농사를 지으며 살았다는 것은 곡식이나 농기구 등이 발견됨으로써 미루어 짐작할 수 있었다. 그런데 어은리 유적에서 밭이 발견됨으로써 정착 농경을 뒷받침하는 보다 분명한 자료를 갖게 된 것이다.

마을을 둘러싼 도랑, 울산 검단리 유적

경상남도 울산의 검단리 유적은 높다란 언덕 위에 자리하고 있다. 방어용으로 판 도랑이 마을을 둘러싸고 있는 이 유적에서는 집터 100여 군데가 발견되었다. 도랑은 전체 길이가 298m에 이르고, 너비는 50~200cm이다.

이 유적은 크게 보아 세 단계에 걸쳐 이루어졌다. 가장 이른 시기에 만든 집터들은 작거나 중간 크기로 마을의 규모도 작았으며, 그때에는

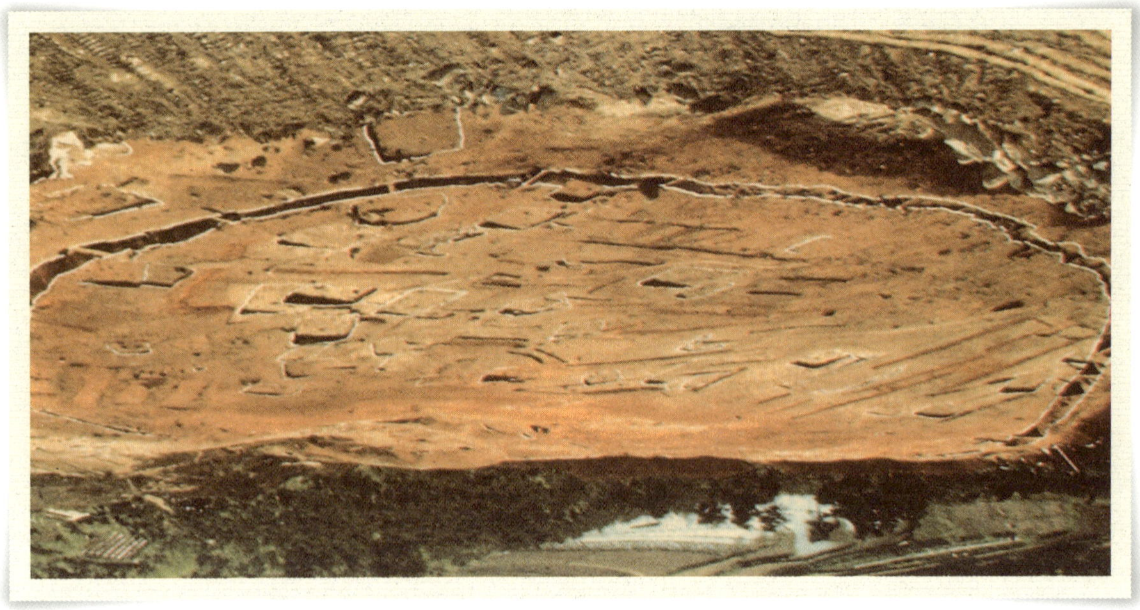

도랑이 없었다. 중간 시기에 만든 집터들은 전보다 크기가 커졌고, 도랑 안팎에서 모두 집터가 발견되어 이 시기에 도랑을 팠으리라 생각된다. 가장 나중 시기에 만든 집터들은 그 수가 많아 마을 규모가 훨씬 커졌다. 이때 도랑은 메워지고, 언덕 꼭대기와 비탈을 경계로 주거 지역이 나누어졌다.

검단리 유적은 도랑이 한 마을을 빙 둘러싼 청동기 시대의 대표적인 마을 유적이다.

남한에서 가장 큰 마을 터, 부여 송국리 유적

충청남도 부여의 송국리 유적은 중기 청동기 시대의 마을 유적이다. 이 유적은 낮은 언덕 위에 있으며, 주변에는 넓은 평야가 있다. 이곳에서는 집터 30여 군데가 확인되었는데, 돌널무덤으로 이루어진 집단 무덤도 함께 발견되었다.

　송국리 유적의 움집은 가족이 생활하는 긴 네모꼴의 얕은 움집과, 석기 등을 만드는 둥근꼴의 깊은 움집으로 나누어지며, 나무 울타리와 도랑으로 둘러싸여 있었다. 집터에서는 청동 도끼를 만들 때 쓰던 거푸집이 나와 당시 이곳에서 청동기가 만들어졌음을 알려 준다. 또 불에 탄 쌀이 많이 나오는 것으로 보아 벼농사의 비중이 매우 높았음을 짐작할 수 있다.

　이 유적에서 나온 토기는 아가리가 약간 벌어지고 몸체가 달걀 모양이다. 이렇게 생긴 토기를 '송국리형 토기'라고 한다. 송국리 유적에는 송국리형 토기를 비롯해서 특이한 문화 요소가 많은데, 이웃 나라 일본에까지 영향을 크게 미쳤다.

청동기 시대 돌널무덤, 대전 괴정동 유적

　대전의 괴정동 유적은 낮은 언덕에 있는 후기 청동기 시대의 돌널무덤 유적이다. 무덤 안에서는 덧띠 토기와 검은 간 토기, 세형동검, 방패

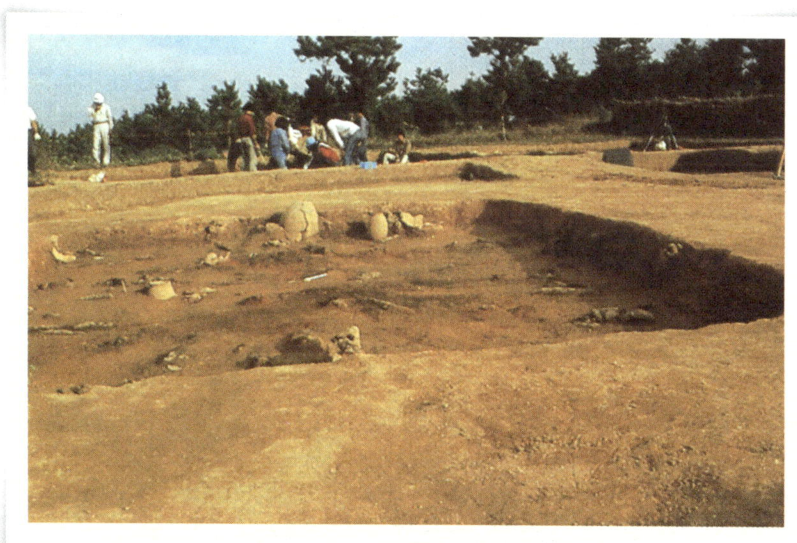

송국리 유적
부여를 대표하는 청동기 시대 유적으로 남한에서 가장 큰 마을 터이다. '송국리형 토기'를 비롯한 많은 유물들이 출토되었다.

형 동기, 청동 종방울, 거친무늬 거울 같은 청동기 10여 점, 그리고 곡옥과 돌화살촉 따위가 나왔다.

그 가운데 방패형 동기는 방패 모양을 한 청동기로 길이가 16cm이다. 농사짓는 모습이 사실적으로 새겨져 있는 이 방패형 동기는 의식을 치를 때 썼던 도구로 보인다. 한편 여기에서 나온 청동 종방울은 우리나라에서 발견된 것 중 가장 오래되었다.

괴정동 유적은 청동 의기(제례 등 각종 의식에 사용한 청동기)가 나온 세형동검 유적으로는 가장 이른 편에 속하며, 중국 랴오닝 성 지역에서 나온 토기, 청동 의기 등과 비교할 때 그 지역 청동기 문화와 어느 정도 관련이 있었음을 보여 준다.

뛰어난 솜씨의 청동기들, 화순 대곡리 유적

전라남도 화순의 대곡리 유적은 영산강이 내려다보이는 산기슭에 있다. 이 유적은 무덤 유적으로, 무덤 안에서 통나무 널(관) 조각과 세형동검, 잔무늬 거울, 청동 도끼, 청동 조각도, 팔주령, 쌍두령 등이 나왔다.

'가는 칼'이란 뜻으로 세형동검이라 불리는 칼이 3점이 나왔고, 섬세한 무늬가 새겨진 잔무늬 거울은 태양에서 빛이 사방으로 퍼져 나가는 모습을 표현해 뛰어난 청동기 제작 기술을 보여 주었다. 팔주령은 한 쌍이 발견되었는데, 여덟 개의 가지 끝에 각각 방울이 달렸다. 쌍두령 역시 한 쌍이 나왔는데, 가운데가 볼록한 원통형 막대 양 끝에 방울이 달려 있다. 팔주령과 쌍두령은 모두 의식용 도구이다.

옛사람들의 활기찬 생활, 울주 대곡리 반구대 바위그림

경상북도 울주 대곡리에 있는 반구대 바위그림은 태화강변에 자리한 70m 높이의 바위 절벽에 새겨져 있다. '반구대'는 '거북이 납작 엎드

린 모양의 바위'란 뜻으로 반반한 바위 면에
거북, 사슴, 호랑이, 멧돼지, 새 등의 동물
과 사람, 작살이 꽂힌 고래를 비롯한 여
러 종류의 고래, 그물에 걸리거나 우
리 안에 있는 동물 등 200여 점이 새
겨져 있다.

　반구대 바위그림은 사냥과 고기잡
이의 성공과 풍성한 수확을 빌기 위
해 새긴 것으로 보이며, 당시 사람들
의 활기찬 생활 모습을 잘 보여 주고 있
다.　이러한 바위그림은 특정한 지역에만
있는 것이 아니라, 인류가 살았던 곳이라면 어
디든지 어김없이 발견된다.

　바위그림에는 옛사람들의 일상생활과 소망이 담겨 있어
그 시대를 이해하는 데 매우 중요한 자료가 된다.

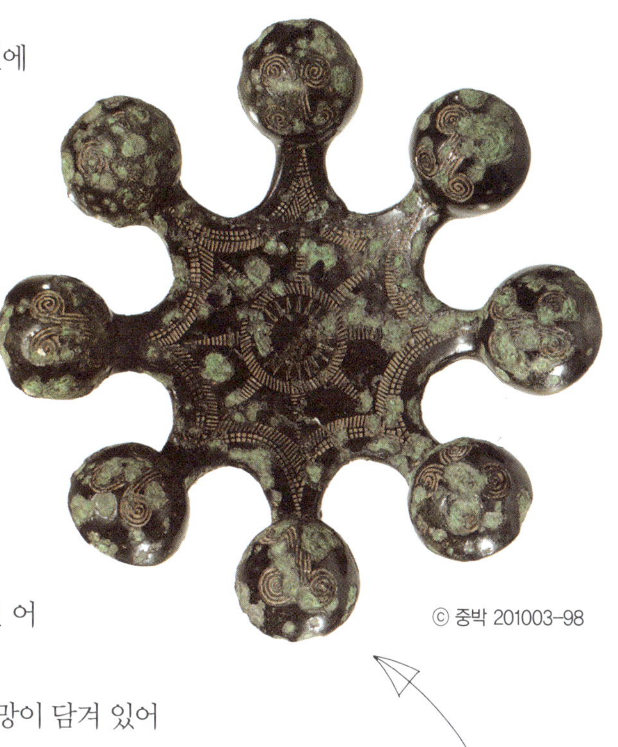

청동 팔주령

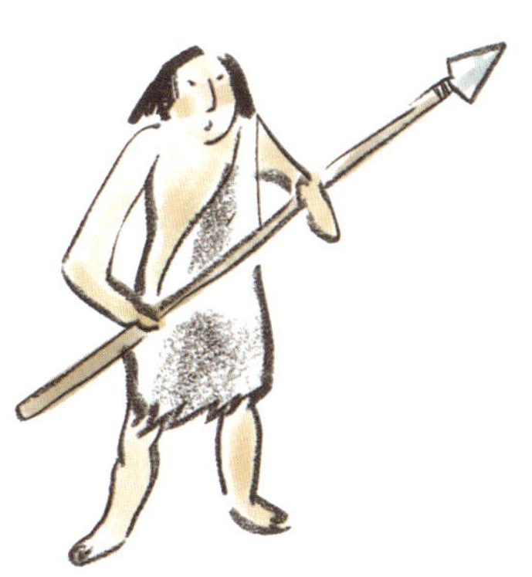

반구대 사람들은 어떻게 고래잡이를 했을까?

반구대 바위그림을 살펴보면 강바닥보다 높은 암벽에 290여 점의 바다와 육지 동물, 인간의 생활 모습 등이 면과 선을 이용해 새겨져 있다. 이 중 바다와 관련된 그림은 고래·거북·물개·어류·배·노·작살·사람 등이, 육지와 관련된 그림은 사슴·호랑이·돼지·소·족제비·개·토끼·새·그물·울타리·탈·사람 등이 있다.

특히 반구대 바위그림에는 고래잡이배와 하늘을 향해 오르는 고래 떼, 작살이 꽂힌 고래 등 고래와 관련된 그림이 많다. 그렇다면 내륙에 살던 반구대 사람들이 어떻게 고래잡이를 했다는 것일까?

수천 년 전에는 지형이 지금과는 달라 울산 앞까지 바다를 이루었고, 반구대가 있는 태화강변까지 고래가 거슬러 올라왔다. 그래서 동해를 회유하던 고래가 만 깊숙한 곳까지 먹이를 찾아 들어오면 작살을 가지고 가서 잡았던 것으로 추정하고 있다.

그리고 뭍에 올라왔다가 미처 빠져나가지 못한 고래를 발견한 사람들은 이 고래가 먹을 수 있는 것임을 알게 되었을 것이다.

고래는 비교적 얕은 바다를 좋아하는 바다동물이다. 유럽에서는 신석기 시대에 비로소 고래가 바위그림에 나타났지만, 얕은 바다에 올라온 고래를 잡은 예는 구석기 시대에도 있었다고 한다.

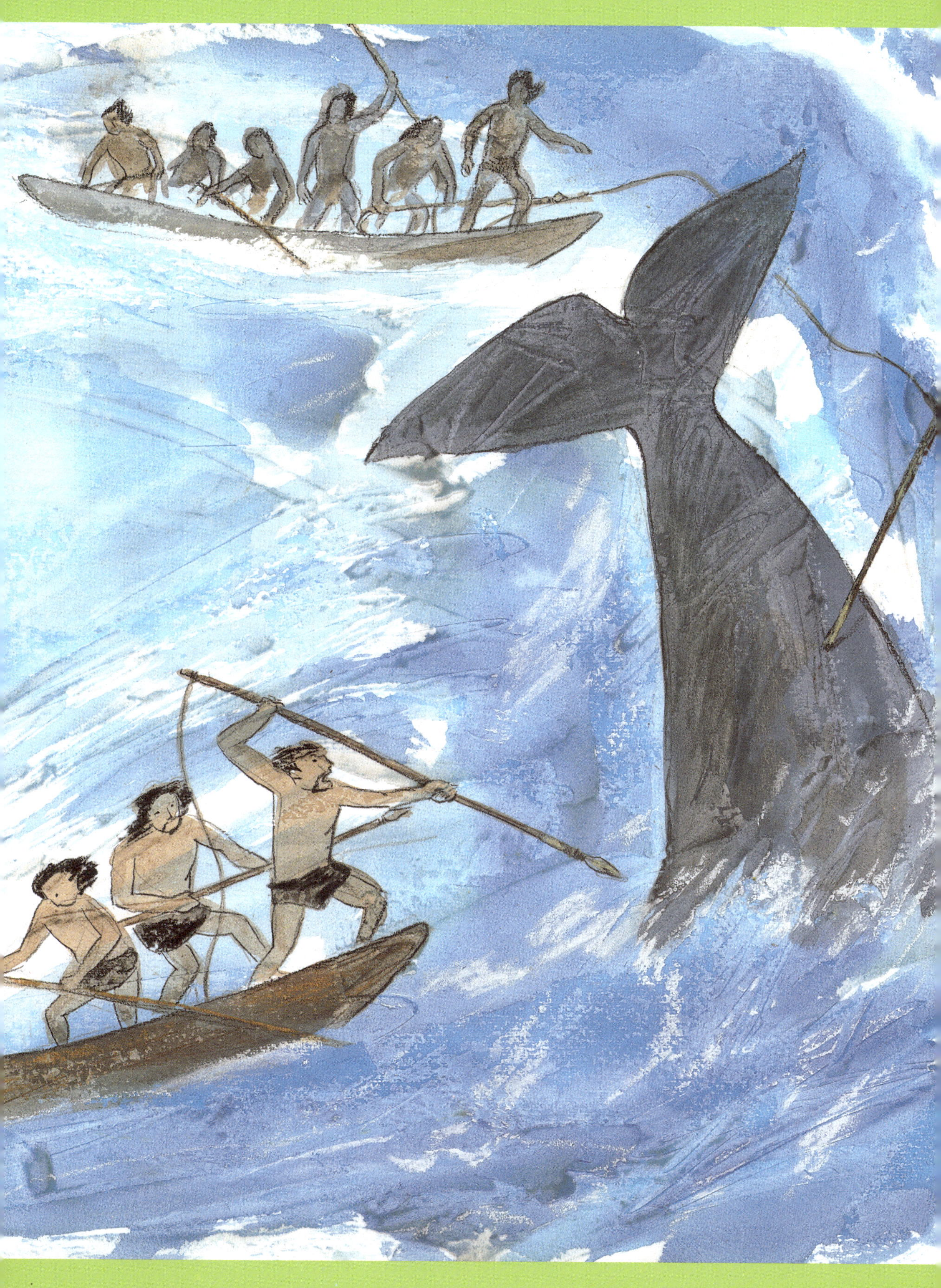

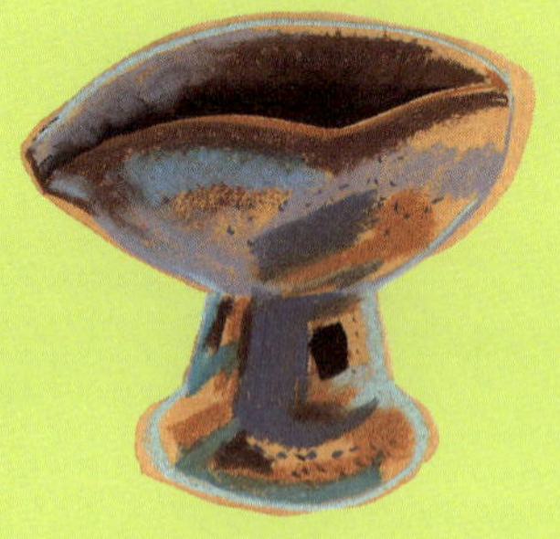

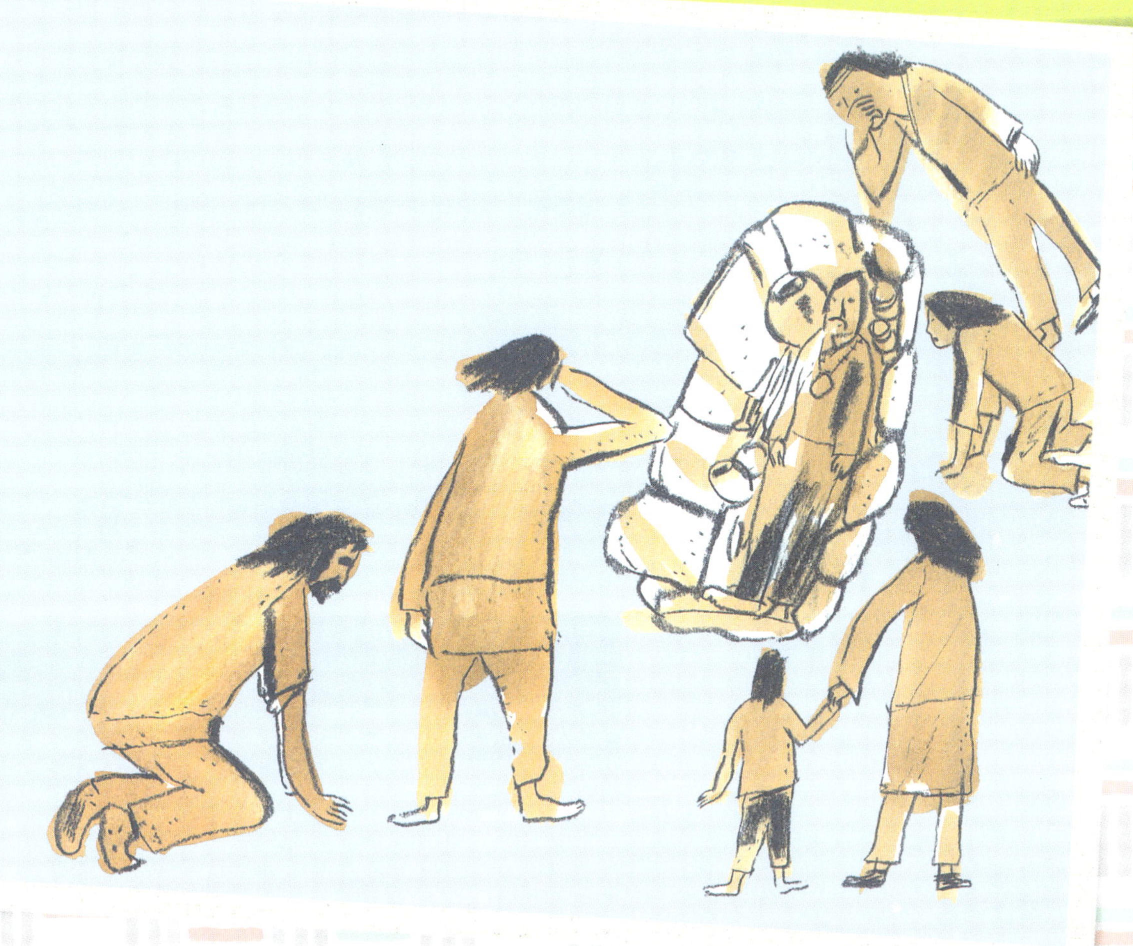

고인돌, 돌널무덤, 구덩무덤, 독무덤 등은 청동기 시대에 쓰였던 무덤 양식이다. 이들 무덤에는
죽은 사람의 뼈뿐만 아니라, 살았을 때 사용했던 갖가지 생활 도구와 장신구 등이 껴묻거리로
함께 들이 있다.

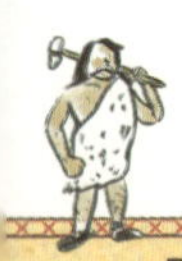

한자로 '지석묘' 라고 한다.
고인돌은 덮개돌 밑에 매장
공간을 두고 덮개돌을 받치기
위한 받침돌을 둔다. 즉
받침돌이 있는 무덤이란
뜻이며, 그것을 간단하게
'고인돌'이라고 부른다.

고인돌은 청동기 시대를 대표하는 무덤 양식 가운데 하나로 유럽과 인도, 동남아시아, 중국 저장 성과 랴오닝 성, 일본 규슈 지방에 이르기까지 넓은 지역에서 발견되고 있다. 특히 우리나라에는 3만여 기가 모여 있어 세계에서 그 수가 가장 많다.

우리나라의 고인돌은 북부 산간 지대를 제외하고 전국에 골고루 있는데, 특히 큰 강이 흐르는 지역에서는 거의 빠짐없이 발견되고 있다. 그중에서도 평안남도와 황해도 등 서북 지방과 전라북도와 전라남도 등 서해안 지방에 모여 있는데, 전라남도에 있는 고인돌만 해도 2만여 기가 넘는다. 고인돌은 청동기 시대 내내 만들어졌으며, 공동묘지처럼 한곳에 모여 있는 것이 특징이다.

커다란 돌로 만든 무덤, 고인돌

고인돌은 형태에 따라 북방식(탁자식)과 남방식(바둑판식), 그리고 개석식으로 구분한다. 한강을 기준으로 하여 북쪽은 북방식, 남쪽은 남방

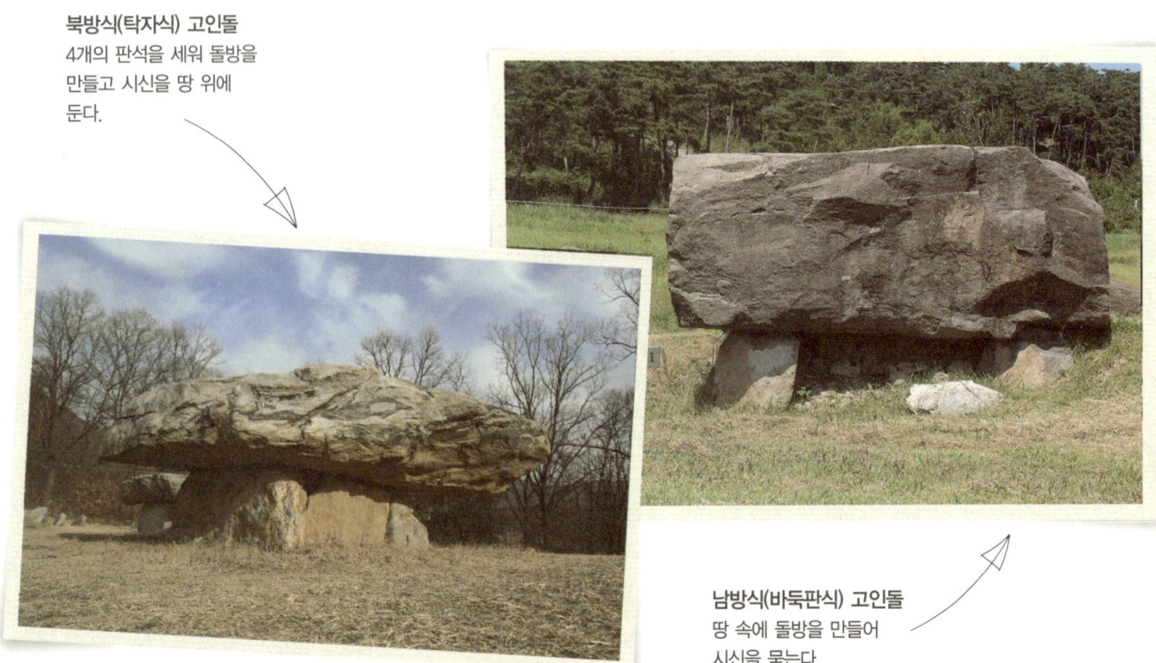

북방식(탁자식) 고인돌
4개의 판석을 세워 돌방을
만들고 시신을 땅 위에
둔다.

남방식(바둑판식) 고인돌
땅 속에 돌방을 만들어
시신을 묻는다.

식으로 나누어 왔으나, 때로는 북쪽에서도 남방식이 발견되고 있어 지역에 따른 구분은 많이 줄어들었다.

북방식 고인돌은 먼저 4개의 판석을 세워 사각형의 돌방을 만들고, 그 안에 시신을 넣은 다음 덮개돌을 올려놓는다. 이처럼 시신을 땅 위에 두는 북방식 고인돌과 달리 남방식 고인돌은 땅 속에 돌방을 만들어 시신을 묻는다. 그리고 여러 개의 작은 받침돌을 놓고 그 위에 커다란 덮개돌을 덮는다. 개석식 고인돌도 남방식과 비슷한데 받침돌 없이 덮개돌을 직접 올리는 것이 특징이다.

고인돌에 쓰인 덮개돌은 크기가 보통 2~4m 정도인데, 황해도 은율이나 인천 강화의 북방식 고인돌처럼 8m에 이르는 것도 있다. 또 1m가 안 되는 작은 덮개돌도 있다.

고인돌을 만드는 데 필요한 돌은 가을걷이가 끝난 늦가을이나 겨울철에 가까운 바위산에서 가져왔다. 평안남도 용강 석천산, 전라북도 고창 성틀봉, 전라남도 화순 효산리 등에서는 고인돌 채석장이 발견되었으며, 강원 양구 공수리에서는 고인돌을 만들려고 미리 떼어 놓은 돌들이 발견되기도 했다.

고인돌은 한곳에 무리 지어 있는 경우가 많고, 작은 고인돌도 그 수가 적지 않다. 또 껴묻거리가 나오는 경우도 많지 않아 모든 고인돌이 다 지배자의 무덤이라고 보기는 어렵다. 그렇다 해도 어느 정도 권력과 경제력을 갖춘 사람만이 고인돌에 묻힐 수 있었으리라고 짐작된다.

한편 커다란 돌을 옮겨 와 고인돌을 만드는 데는 많은 사람의 노력이 필요했으므로, 사람들의 협동을 다지는 방법으로 고인돌이 많이 만들어졌다는 의견도 있다.

고인돌에서 나온 껴묻거리로는 민무늬 토기, 붉은 간 토기, 간돌칼, 돌화살촉 등이 많고, 곡식을 거둬들일 때 쓰던 반달돌칼도 더러 나왔다. 그러나 청동기가 나온 경우는 흔하지 않다.

돌로 널을 만들어 쓴 돌널무덤

　돌널무덤은 고인돌과 함께 청동기 시대에 널리 쓰이던 무덤 양식으로, 전국 곳곳에서 만들어졌다.

　돌널무덤은 돌로 널을 만들어 쓴 무덤으로, 널찍한 돌로 널의 네 벽과 바닥, 그리고 덮개돌을 상자 모양으로 짜 맞춘 돌상자무덤과 자갈을 깨서 돌담처럼 쌓아 네 벽을 두른 돌덧널무덤 두 종류로 나누어 볼 수 있다.

　그중 돌상자무덤은 고인돌과 함께 발견되는 경우가 많고, 껴묻거리로 나온 유물도 비슷해서 돌상자무덤과 고인돌은 같은 시기에 쓰였던 무덤 양식으로 보인다.

　또한 돌상자무덤은 한 곳에서 수십 기가 발견되는 경우가 많으며, 바닥에 토기 조각을 깔거나 돌널 안에 다시 나무 널을 놓은 경우도 있다.

　이러한 돌상자무덤은 평안북도 강계 공귀리나 충청남도 부여 송국리 등에서 볼 수 있다. 껴묻거리로는 간돌칼, 돌화살촉, 랴오닝식 동검, 청동 화살촉, 붉은 간 토기 등이 나왔다.

　돌덧널무덤은 돌상자무덤보다 조금 늦게 나타났는데, 그 수가 많지는 않다. 널의 네 벽은 깬 자갈을 쌓아 만들었고, 바닥과 뚜껑으로는 넙적한 돌을 썼다.

　이러한 돌덧널무덤은 대전 괴정동, 충청남도 예산 동서리 등에서 발견되었으며, 껴묻거리로는 세형동검과 청동 거울, 곡옥 등이 나왔다.

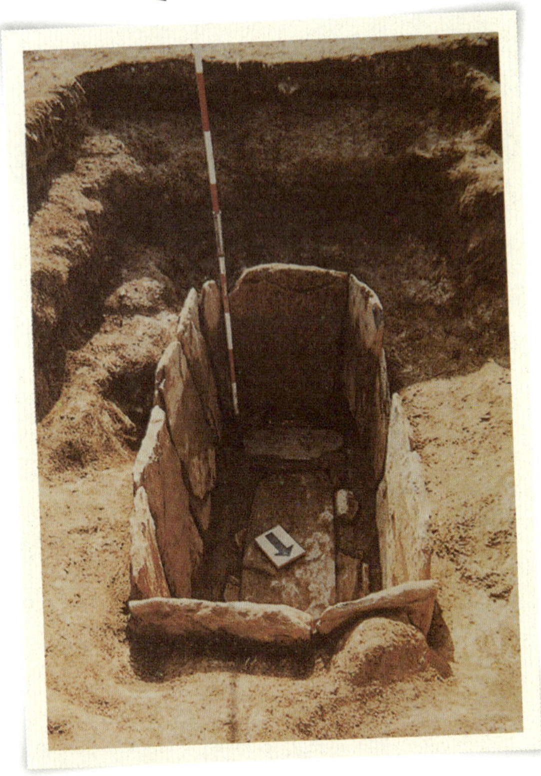

돌널무덤
널찍한 돌로 상자 모양의
무덤을 만들었다.

지배자의 무덤으로 보이는 구덩무덤

구덩무덤은 땅을 긴 네모꼴로 파고 나무널을 놓은 뒤 그 위에 흙을 덮은 무덤이다. 나무널은 세월이 흐르면 썩어 없어지기 때문에 구덩무덤 형태만 발견되곤 했다. 청동기 시대의 구덩무덤 가운데 오래된 것은 충청남도 공주 남산리와 전라남도 완주 반교리에서 발견되었다. 이 무덤은 움을 2단으로 파고 덮개돌을 놓은 것으로, 껴묻거리로는 간돌칼과 돌화살촉 등이 나왔다.

보다 뒤에 유행한 구덩무덤은 나무널 주위를 돌로 채워 만들었는데, 나무널이 썩은 뒤 돌만 남아 돌널무덤처럼 보이기도 한다.

이러한 구덩무덤은 전라남도 화순 대곡리와 함평 초포리 등에서 볼 수 있으며, 껴묻거리로는 세형동검, 청동 거울, 청동 의기 등이 쏟아져 나오는 경우가 많다. 이와 같은 무덤은 하나씩 떨어져 만들어졌고, 규모가 작은 것은 발견되지 않아 당시 지배자의 무덤일 것으로 짐작되고 있다.

어린아이가 죽었을 때 쓰는 독무덤

독무덤은 중기 청동기 시대부터 유행하기 시작한 무덤 양식으로, 주로 어린아이가 죽었을 때 만들었다. 독무덤은 땅을 판 뒤 시체를 넣은 항아리를 묻었는데, 뚜껑으로는 돌이나 나무판, 다른 항아리 등을 썼다. 그중에는 커다란 항아리 바닥에 구멍이 뚫린 경우도 많다. 독무덤은 돌널무덤이나 구덩무덤 사이에서 흔히 발견되며, 집터 주변에서 발견되기도 한다.

이러한 독무덤은 부여 송국리 유적에서 처음 발견되어 '송국리형 독무덤'이라고도 불린다. 충청남도 공주 남산리, 전라북도 익산 무형리, 경상남도 거창 대야리 등 서남부 지방에 주로 퍼져 있다. 껴묻거리는 거의 발견되지 않으나, 가끔 대롱옥으로 만든 목걸이가 나온다.

단군 신화의 또다른 해석

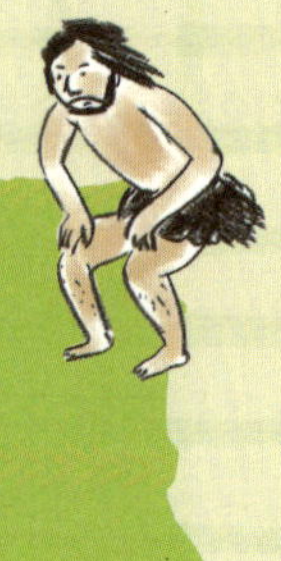

청동기 시대에 우리나라 최초의 국가인 고조선이 탄생했다. 고대 국가들은 모두 건국 신화를 갖고 있는데, 고조선 역시 단군 신화를 건국 신화로 하고 있다.

그런데 대개의 건국 신화에는 옛날 이야기처럼 황당한 대목이 많다. 모두 역사라고 보기에는 무리가 따른다. 그렇다면 도대체 어디까지가 꾸며 낸 이야기이고, 어디까지가 역사적 사실일까? 단군 신화를 꼼꼼히 살펴보면서 거기에 담긴 역사적 사실들을 살펴 보자.

먼저 《삼국유사》에 실린 단군 신화 원문을 번역해 보면 다음과 같다.

옛날에 환인의 아들 환웅이 항상 인간 세상을 구하고자 하는 뜻을 가지고 있으므로, 아버지 환인이 아들의 뜻을 알고 천부인 3개를 주어 세상에 내려 보내 인간 세상을 다스리도록 했다.

이에 환웅이 무리 3,000을 이끌고 태백산 신단수 아래로 내려왔는데, 이곳을 신시라 하였다. 그는 풍백, 우사, 운사로 하여금 인간의 360여 가지 일을 주관하게 하였는데, 그중에서 곡식, 생명, 질병, 형벌, 선악 등 5가지 일이 가장 중요한 것이었다. 이로써 인간 세상을 교화시키고 인간을 널리 이롭게 하였다.

이때, 곰과 호랑이가 사람이 되기를 원하므로 환웅은 쑥과 마늘을 주고 이것을 먹으면서 100일간 햇빛을 보지 않는다면 사람이 될 것이라고 하였다. 곰은 금기를 지켜 21일 만에 여자로 태어났고, 환웅과 혼인하여 아들을 낳았다. 이가 곧 단군왕검이다.

　　이러한 신화의 내용을 바탕으로 역사적 사실을 정리해 보면, 다음과 같이 이야
기할 수 있다.

하늘님(환인)의 아들 환웅이 분가하여 따로 국가를 만들기를 원하니, 환인이 하늘의 신
표인 천부인 3개를 주며 허락하였다. 이에 환웅이 무리 3,000을 거느리고 묘향산 신단수
아래에 자리를 잡고 신시를 만들었다.

환웅은 바람, 비, 구름을 다스리는 3명의 대신과 함께 나라를 다스렸다. 뛰어난 농사 기
술과 문화를 갖고 있던 환웅의 세력은 점점 커졌다. 이에 곰을 숭배하는 부족과 호랑이
를 숭배하는 부족이 환웅과의 혼인을 통해 세력을 지켜 가고자 하였다.

환웅이 두 부족에게 쑥과 마늘이라는 지키기 어려운 조건을 내놓자, 호랑이를 숭배하는
부족은 받아들이지 않고 맞서다가 망하였다. 그러나 곰을 숭배하는 부족은 이를 받아
들여 환웅과 혼인 동맹을 맺었다. 그리하여 고조선의 시조인 단군왕검이 태어났다.

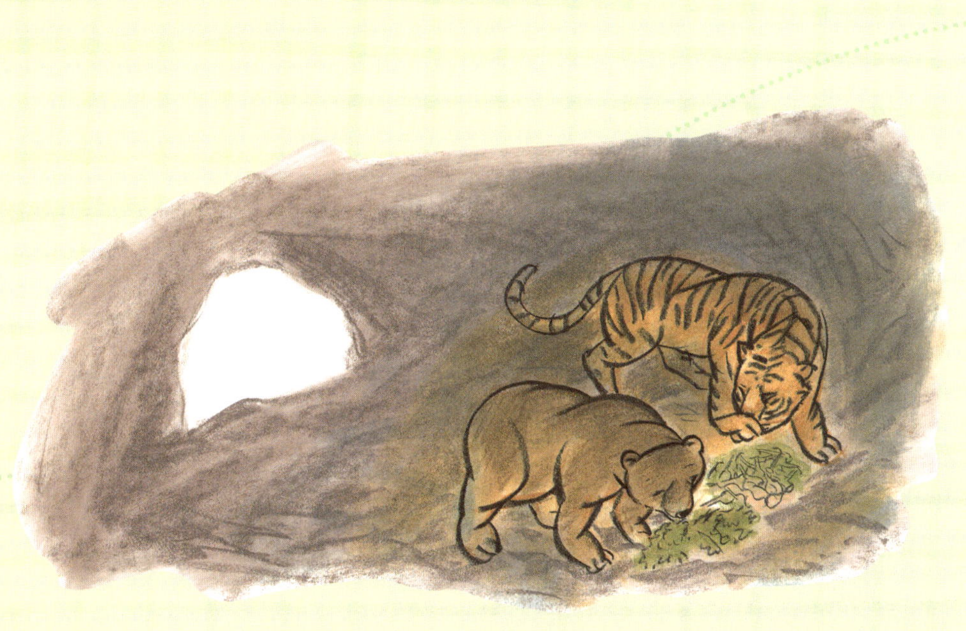

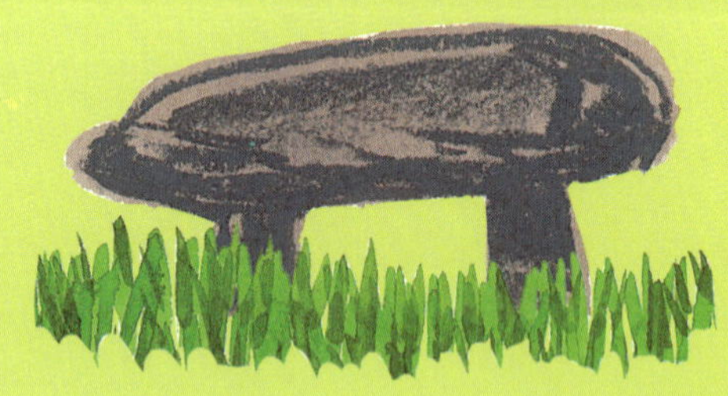

세계문화유산, 고인돌 15

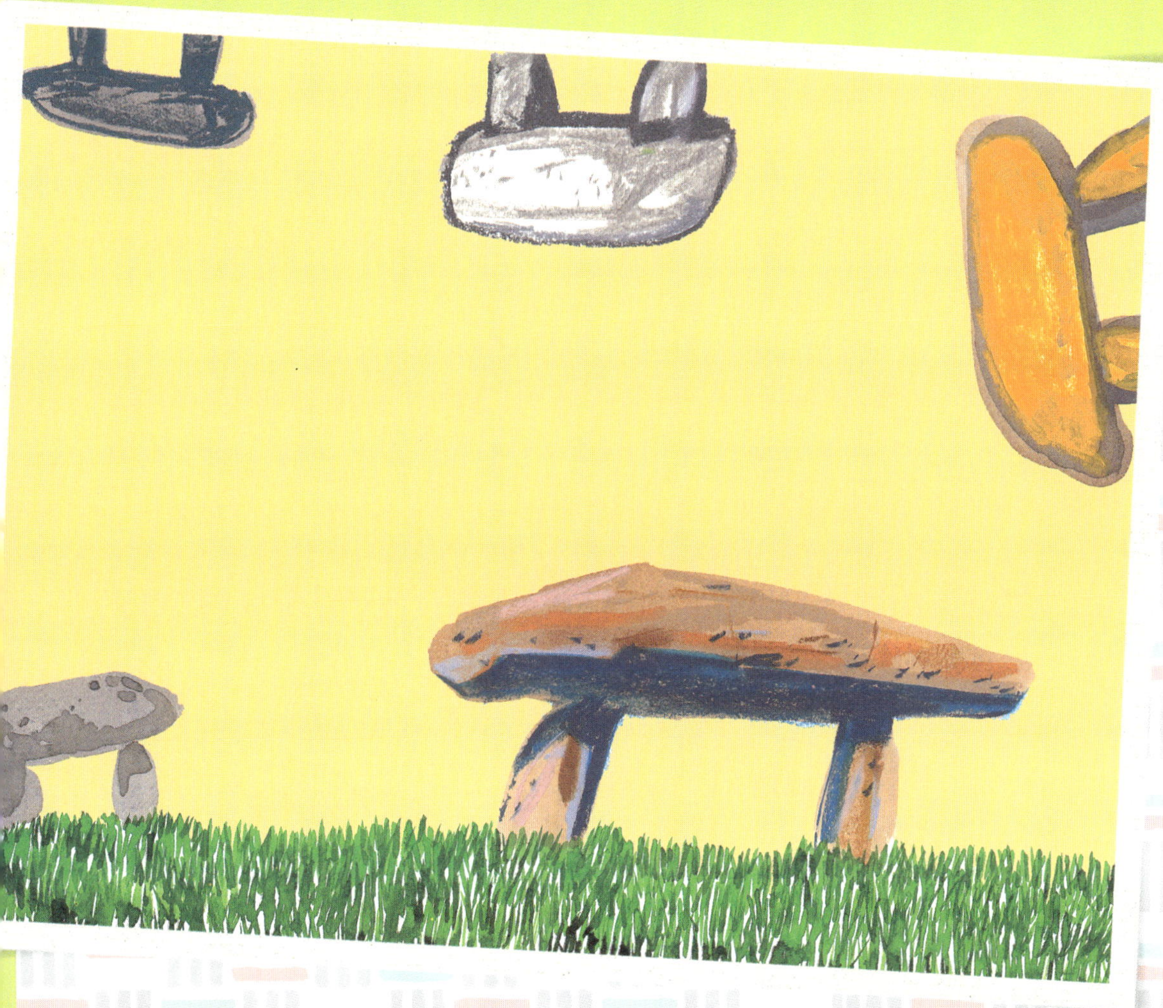

종묘, 불국사와 석굴암, 해인사 장경판전, 수원 화성, 서울 창덕궁, 경주 역사 유적 지구,
고창·화순·강화의 고인돌 유적지는 유네스코가 지정한 세계문화유산이다.
이 중 고창·화순·강화의 고인돌 유적지는 청동기 시대를 대표하는 무덤 양식으로
자랑스러운 우리나라의 문화유산이다.

유네스코는 1972년에 '세계 문화 및 자연 유산 보호 협약'을 맺어 인류 문명과 자연사에 있어 매우 중요한 자산, 즉 전 인류가 잘 보존하여 후손에게 물려줘야 할 유산들을 세계 유산으로 정했다. 세계 유산은 크게 문화유산, 자연 유산, 복합 유산으로 나뉜다.

이 중 세계문화유산에는 알타미라 동굴 벽화나 이집트의 피라미드처럼 세계적 가치를 지닌 유적, 건축물, 문화 지역 등이 포함된다.

우리나라는 1988년에 유네스코 '세계 문화 및 자연 유산 보호 협약'에 가입했다. 그 뒤 1995년 독일 베를린에서 열린 제19차 세계 유산 위원회 회의에서 종묘, 불국사와 석굴암, 해인사 장경판전이 세계 문화유산으로 등록되었다.

2년 뒤인 1997년 이탈리아 나폴리에서 열린 제21차 회의에서는 수원 화성과 서울 창덕궁이, 2000년 오스트레일리아 케언스에서 열린 제24차 회의에서는 경주 역사 유적 지구와 고창·화순·강화의 고인돌 유적이 세계문화유산으로 지정되었다.

세계 유산 위원회는 해마다 한 번씩 전체 회의를 열어, 여러 나라가 신청한 문화유산과 자연 유산을 심사하여 그중에서 새로운 세계 유산을 정하고 있다.

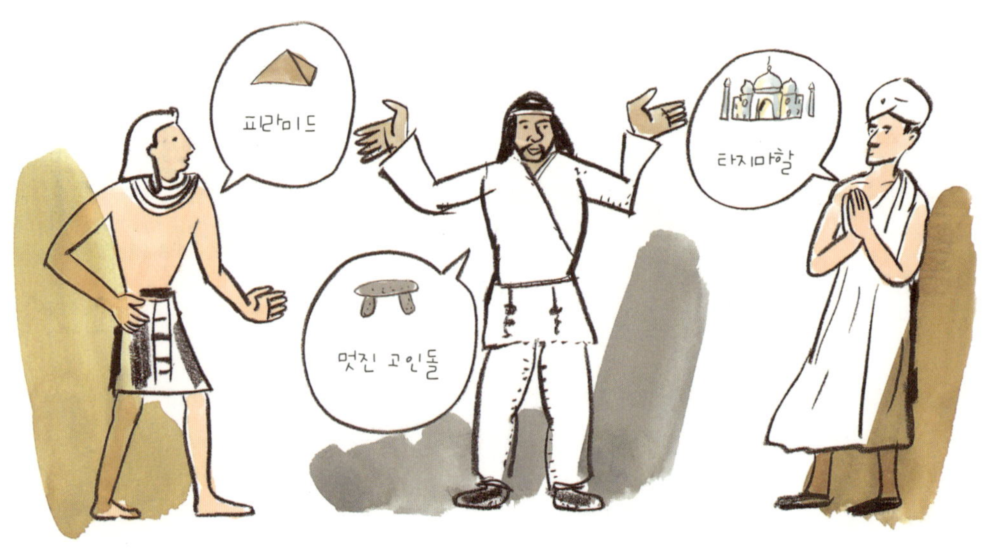

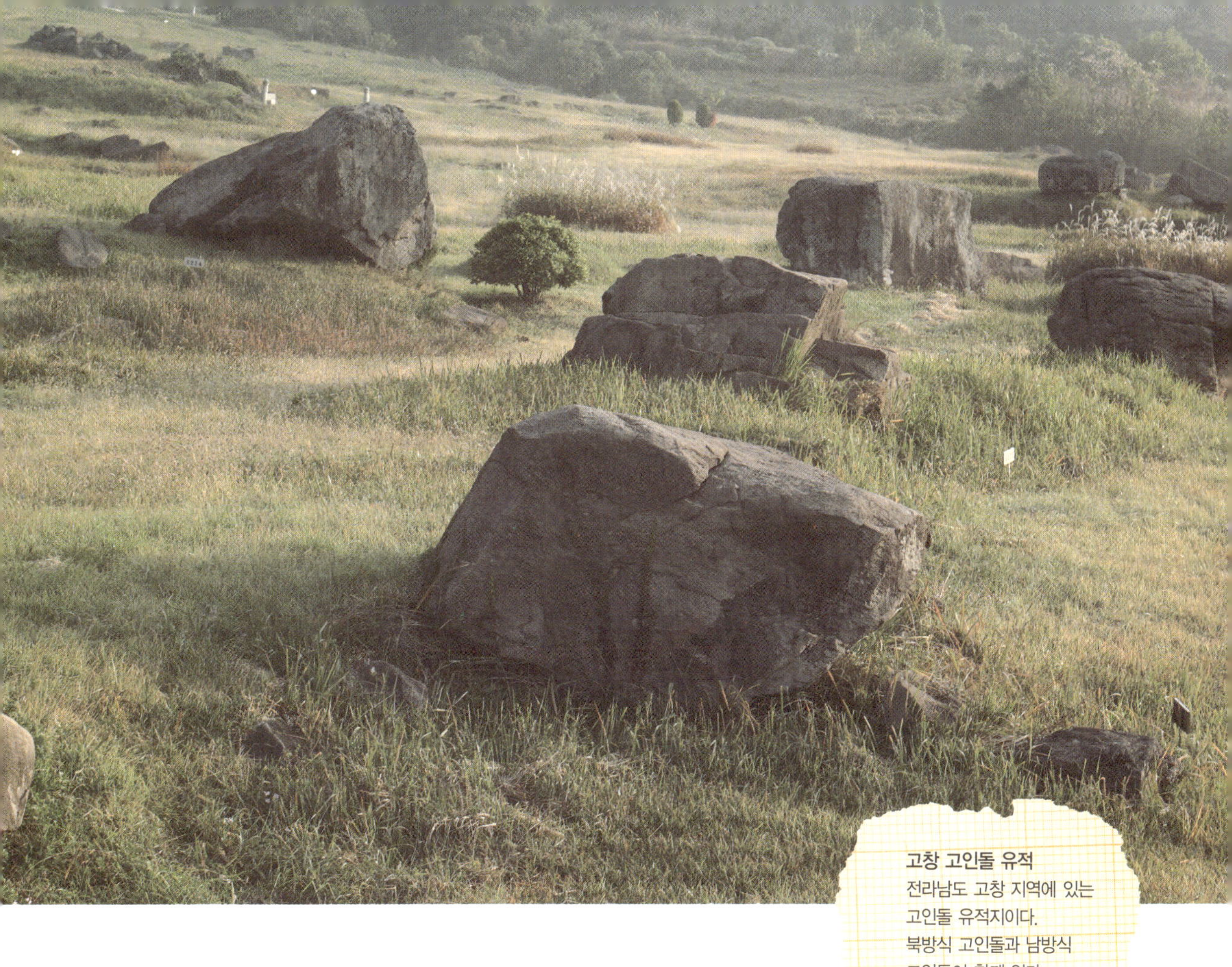

고창 고인돌 유적

유네스코 세계문화유산으로 등록된 전라남도 고창의 고인돌은 고창 읍 죽림리와 아산면 상갑리에 모여 있다. 이 지역에는 나지막한 산들이 있는데, 고인돌은 죽림리 매산 마을을 중심으로 산기슭에 흩어져 있다.

죽림리의 고인돌은 여러 차례 조사를 통해 550여 기가 확인되었으며, 북방식 고인돌(탁자식)뿐만 아니라 덮개돌이 두꺼워진 남방식 고인돌(바둑판식)도 섞여 있어 고인돌의 변화 과정을 보여 주고 있다.

고창 지역에서는 죽림리와 상갑리의 고인돌뿐만 아니라 도산리에서도 큰 규모의 고인돌이 발견되었다. 도산리의 고인돌 역시 성틀봉이란 야트막한 산기슭을 따라 500여 기가 모여 있다.

이 지역의 고인돌은 대부분 평지보다는 경사진 산비탈에 자리하고 있으며, 북방식 고인돌의 특징을 잘 보여 주고 있다.

화순 고인돌 유적

전라남도 화순 지역에는 고인돌이 모두 1,300여 기가 남아 있다. 이들 고인돌은 대부분 영산강과 보성강 주변 평야에 흩어져 있다.

그중 세계문화유산으로 지정된 도곡면 효산리와 춘양면 대신리에는 고인돌 600여 기가 모여 있으며, 비교적 보존도 잘 되어 있는 편이다.

특히 효산리와 도곡리에서는 고인돌 채석장까지 발견되어 그 가치를 더하고 있다. 이곳에는 떼어 내다 만 돌이 남아 있고, 채석장 아래로는 다양한 고인돌 무리가 있어 고인돌 만드는 과정을 한눈에 살펴볼 수 있다.

화순 지역에는 국보 제143호로 지정된 청동 검, 청동 거울, 팔주령 등의 유물이 나온 대곡리 구덩무덤이 있고, 덮개돌의 무게가 100톤이 넘는 거대한 고인돌도 수십 기나 되어, 당시 이 지역을 중심으로 성읍

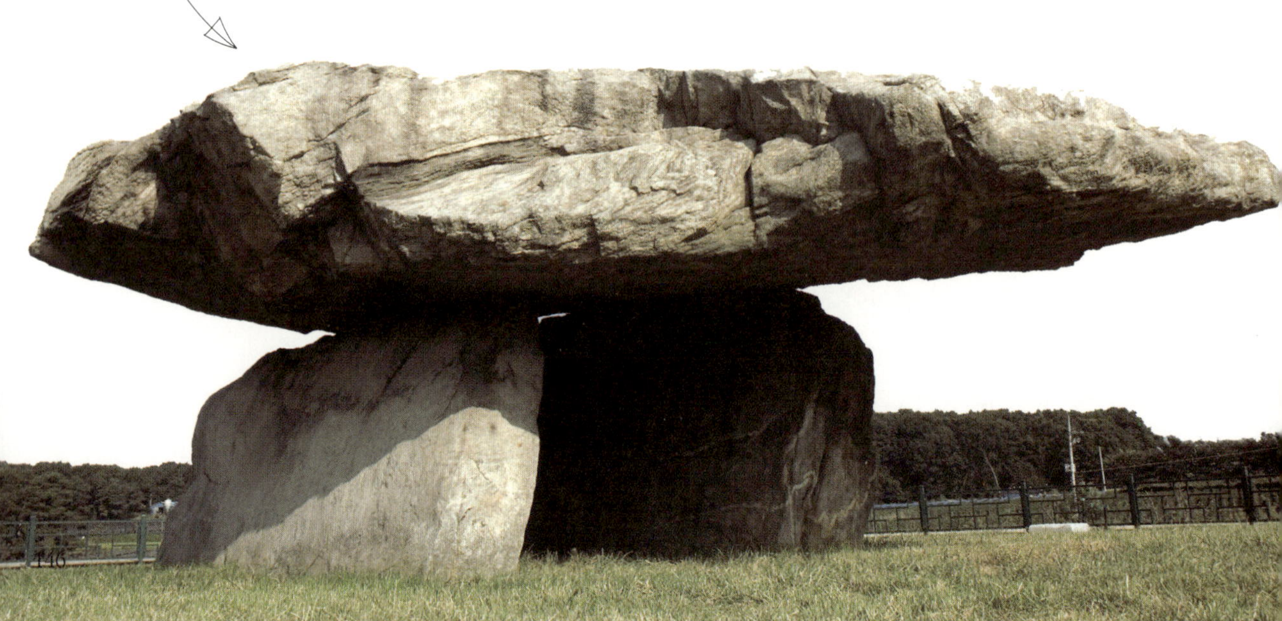

강화 부근리 고인돌
남한에서 발견된 북방식 고인돌 중에서 규모가 가장 크다.

국가(원시 사회에서 고대 국가로 바뀌는 중간 단계에 나타난 국가 형태) 수준
의 나라가 있었음을 짐작케 한다.

강화 고인돌 유적

강화 지역에는 모두 80여 기의 고인돌이 있는데, 그중 대표적인 것이
강화 화점면 부근리의 고인돌이다. 특히 부근리의 고인돌은 지금까지
남한에서 발견된 북방식 고인돌 중 가장 규모가 크다.

이 고인돌은 덮개돌이 길이 650㎝, 너비 520㎝, 두께 120㎝로 거대
한 크기를 자랑하고 있다. 덮개돌을 고였던 4개의 받침돌은 현재 2개만
남아 있다.

이 고인돌은 평평한 땅 위에 140㎝ 높이의 받침돌을 세우고 그 위에
거대한 덮개돌을 올려놓은 형태로, 무덤이라기보다는 어떤 기념물이나
제단으로 쓰이지 않았을까 짐작된다.

옛날에 어떻게 고인돌을 만들었을까?

무거운 돌을 실어 나르는 장비가 없었던 그 옛날에 어떻게 거대한 고
인돌을 만들었을까?

우리나라의 고인돌은 덮개돌만 해도 4~5톤에서 100톤이 넘는 것도
있다. 이러한 고인돌을 만들려면 먼저 덮개돌과 받침돌로 쓸 돌부터 찾
아야 한다.

당시 사람들은 농사일이 한가해진 늦가을이나 겨울철에 주변 산에서
고인돌에 쓸 바위를 미리 골라 놓았다. 그런 다음 돌도끼와 돌자귀 등
으로 바위에다 깊은 홈을 파서 나무쐐기를 박고 물에 적셔 놓았다. 나
무쐐기가 물에 불어 팽창하면 '쩍' 하고 바위가 갈라졌다. 이렇게 떼어
낸 돌을 한곳에 모아 두었다가 고인돌을 만들 때 옮겨 썼던 것이다.

고인돌을 만들기는 이처럼 힘든 작업이므로 미리 고인돌을 만들어 놓았다가 묻힐 사람이 죽으면 장례를 치르기도 했던 것으로 보인다.

그렇다면 그렇게 무거운 돌을 어떤 방법으로 옮겼을까? 돌 밑에 나무를 넣어 옮기는 지렛대식, 돌을 밧줄로 얽어매어 사람들이 어깨에 메고 옮기는 목도식, 통나무 바퀴를 깔아서 그 위를 돌이 미끄러지도록 하는 끌기식, 강물이나 바닷물을 이용해서 옮기는 뗏목식, 겨울철에 눈이 오거나 얼음이 얼었을 때 옮기는 썰매식 등 갖가지 방법이 그때그때 달리 쓰였을 것이다.

이번에는 고인돌 만드는 과정을 한번 살펴보자. 북방식 고인돌은 먼저 구덩이를 판 다음, 받침돌을 같은 높이로 세우고 흔들리지 않도록 튼튼하게 다진다. 그런 뒤에는 땅에서 받침돌 꼭대기까지 흙으로 비스듬

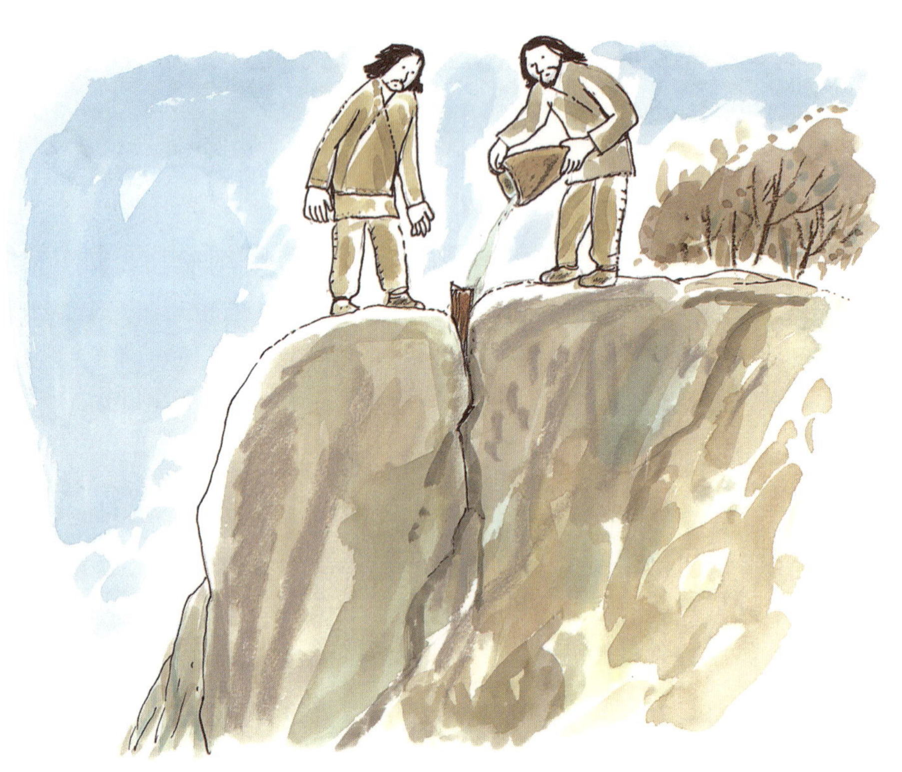

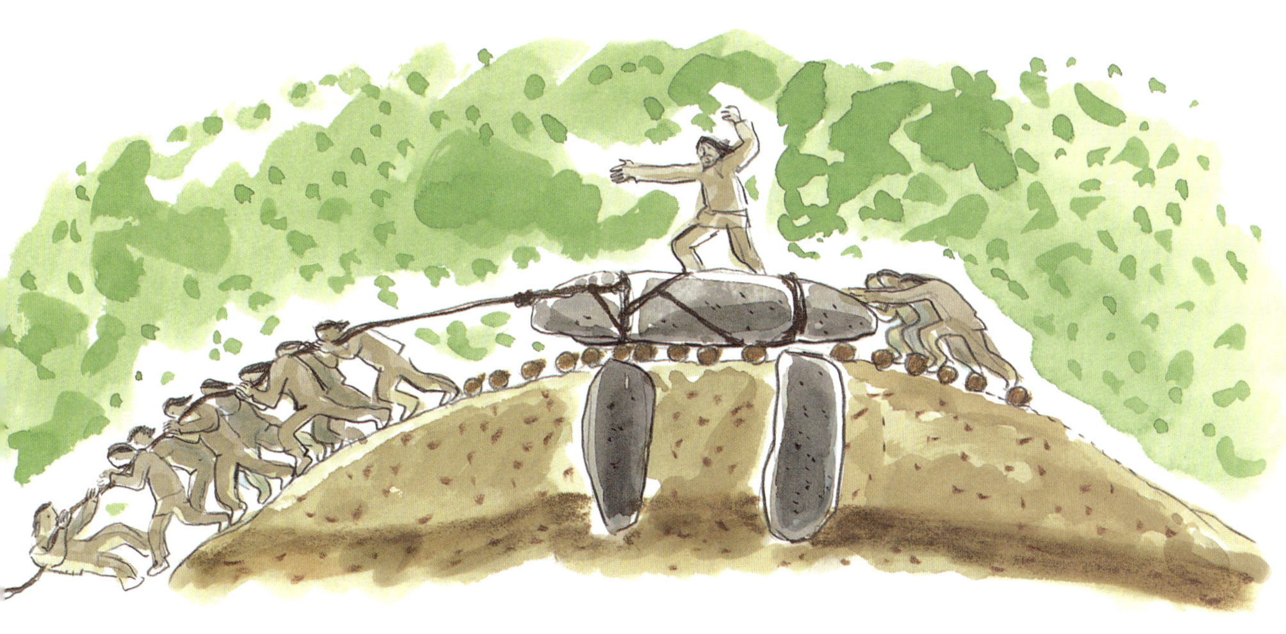

한 언덕을 만든다. 그 언덕을 이용해 덮개돌을 끌어올리기 위해서이다.

덮개돌을 올린 다음에는 쌓아 놓은 흙을 모두 파내고, 받침돌 사이에 시체와 껴묻거리를 넣은 뒤 다시 돌로 막아 마무리를 했다.

남방식 고인돌은 땅 밑에 돌널을 짜 맞추거나 깬 자갈 또는 강돌 등을 쌓아 돌널을 만들고, 그 안에 시체를 묻었다. 그런 다음 큰 덮개돌을 올려놓았기 때문에 북방식 고인돌에 비해 훨씬 손쉽게 무덤을 만들 수 있었다.

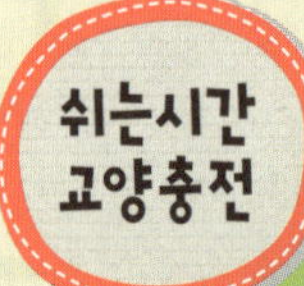

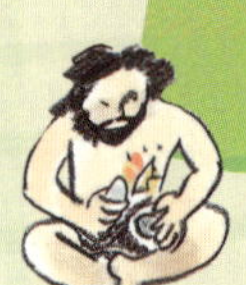

세계의 거석문화

고인돌

땅 위나 땅 밑에 돌방을 만들고, 그 위에 덮개돌을 올려놓은 형태의 무덤이다. 유럽과 아시아 여러 곳에 퍼져 있으나, 특히 우리나라에 많다.

선돌

고인돌과 함께 청동기 시대에 많이 세워진 거석 기념물이다. 큰 돌을 똑바로 세

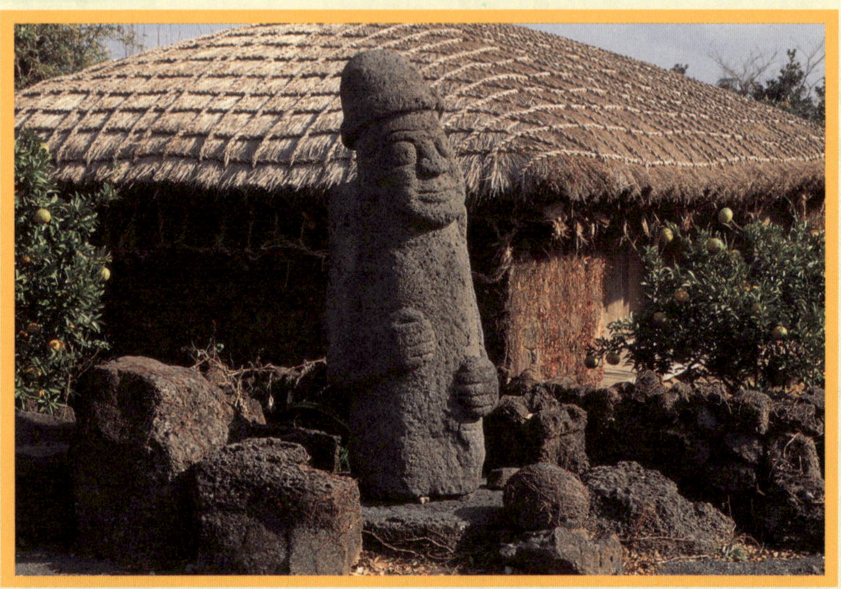

▲ 제주도 돌하르방

워 놓은 형태이며, 예전에는 마을 입구에서 흔히 볼 수 있었다. 입석동, 입석리, 선돌마을 같은 이름을 가진 마을은 과거에 선돌이 있었던 곳이라 볼 수 있다.

열석

프랑스 브르타뉴 지방의 열석처럼 선돌이 한 줄 또는 여러 줄 평행으로 서 있는 형태와 영국 웨섹스 지방의 스톤헨지처럼 선돌을 고리 모양으로 늘어놓은 환상 열석 등이 있다. 스톤헨지에 쓰인 돌은 약 200km나 떨어진 다른 지역에서 가져왔다고 한다.

석상

석상은 여러 나라에서 발견되고 있으나, 남태평양 이스터 섬의 석상이 대표적이다. 이 섬은 남아메리카에서 3,200km 정도 떨어진 외딴섬인데, 바닷가에 200여 개의 사람 얼굴 모양 석상이 바다를 향해 세워져 있다.

우리나라의 제주도 돌하르방도 석상의 한 종류이다.

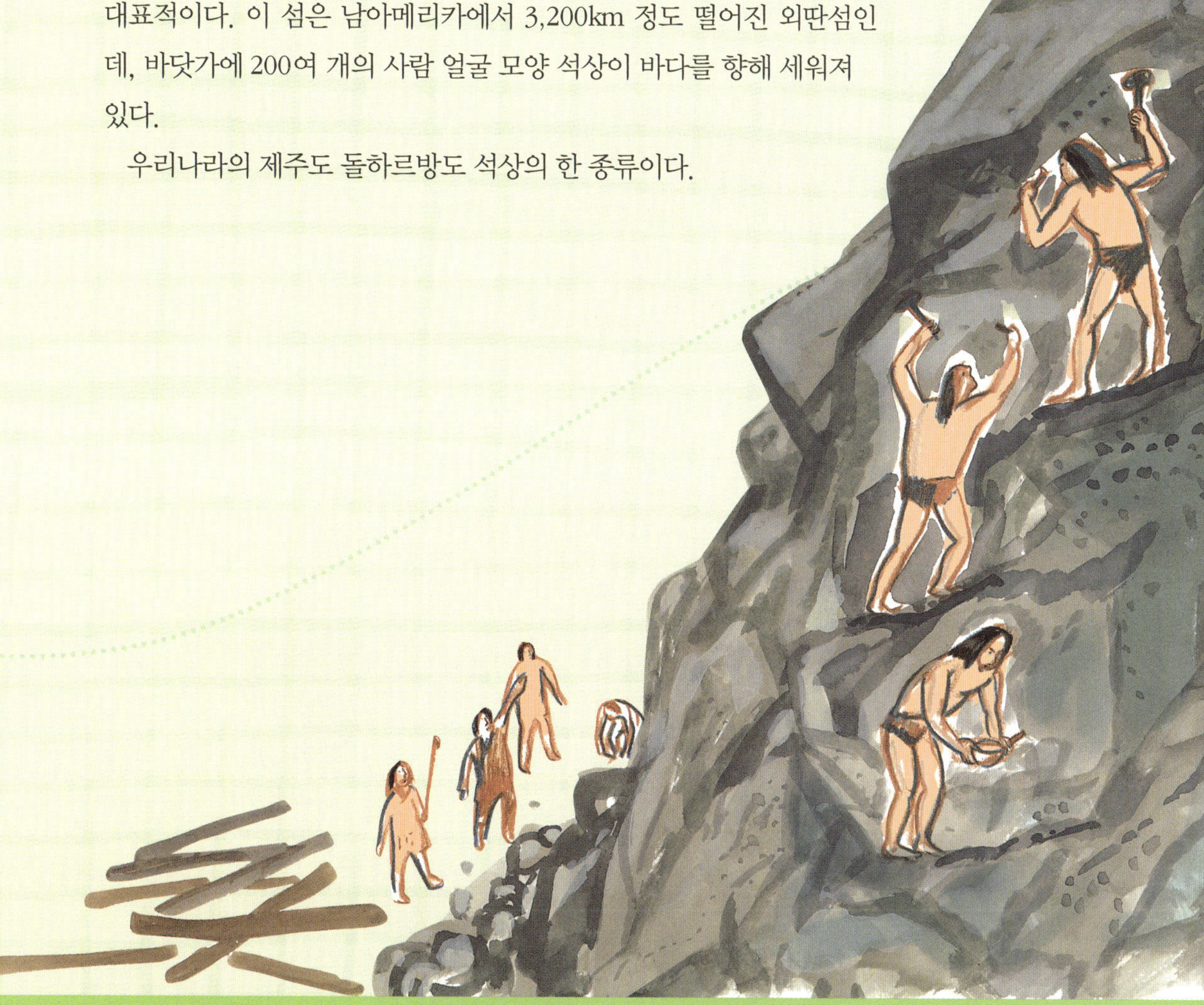

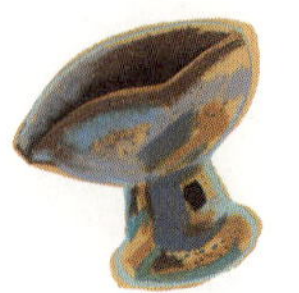

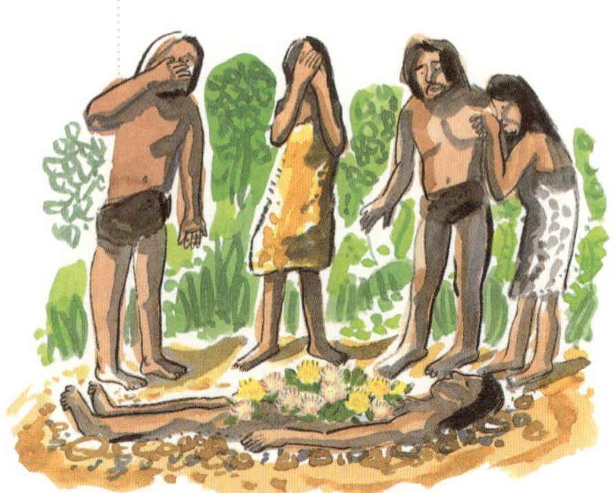

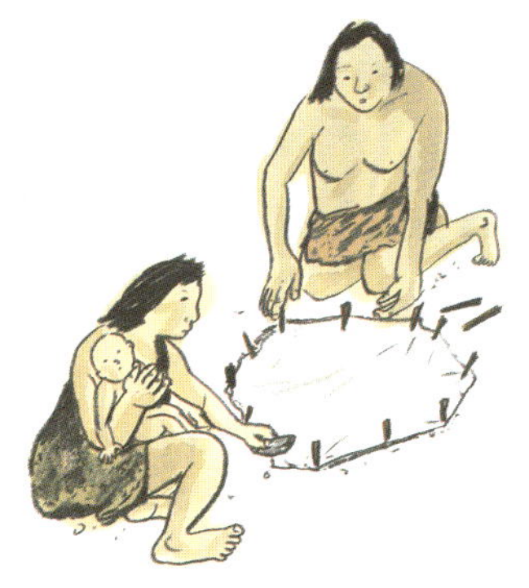

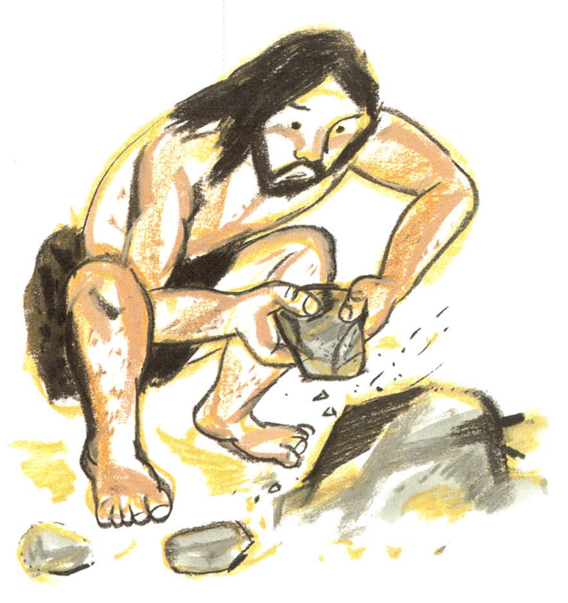

국립중앙도서관 출판시도서목록(CIP)

상위 5%로 가는 문화탐구교실. 2, 선사유적 / 대표집필 : 김용백 ;
그림 : 장선환. — 고양 : 위즈덤하우스, 2010
    p. ;   cm

ISBN 978-89-6247-137-3 74980 : ₩9800
ISBN 978-89-6247-000-0(세트)

선사 시대 유적 [先史時代遺蹟]

911-KDC5   CIP2010000950

상위5%총서
상위5%로 가는 문화탐구교실 2 | 선사유적

초판 1쇄 인쇄 2010년 3월 19일
초판 1쇄 발행 2010년 3월 26일

글 사회탐구총서 편찬위원회 | 대표집필 김용백
그림 장선환
펴낸이 신민식

출판 5분사 편집장 배재성
편집 이주연
제작 이재승 송현주

펴낸곳 (주)위즈덤하우스 · 출판등록 2000년 5월 23일 제13-1071호
주소 경기도 고양시 일산동구 장항동 846번지 센트럴프라자 6층
전화 (031)936-4000 · 팩스 (031)903-3891
전자우편 scola@wisdomhouse.co.kr · 홈페이지 www.wisdomhouse.co.kr
출력 플러스 안 · 종이 화인페이퍼 · 인쇄 · 제본 영신사

ⓒ (주)불지사 2010
ISBN 978-89-6247-137-3 74980
ISBN 978-89-6247-000-0 (세트)

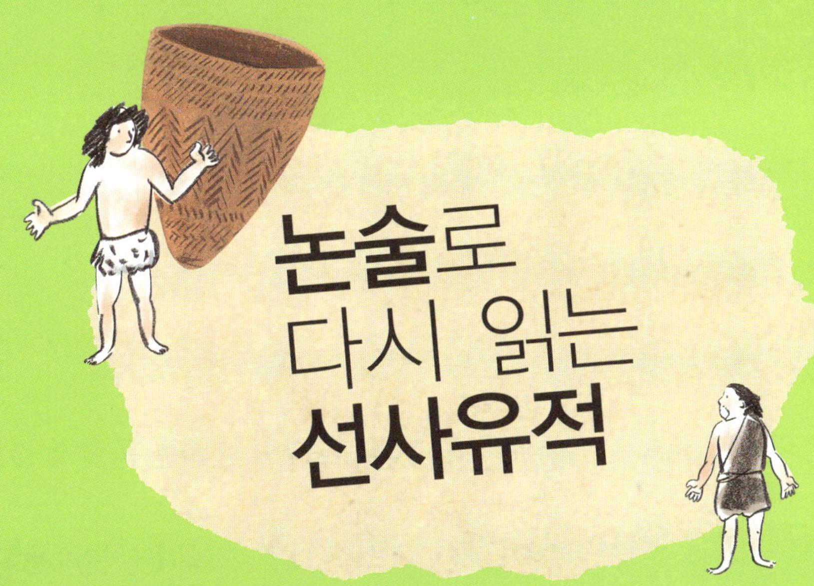

논술로 다시 읽는 선사유적

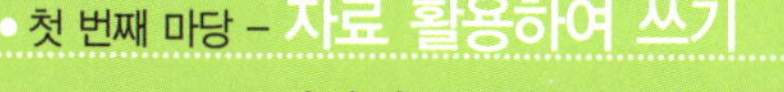

- 첫 번째 마당 – **자료 활용하여 쓰기**
  과거의 모습을 어떻게 알 수 있지?

- 두 번째 마당 – **비교 · 대조 방법으로 글쓰기**
  아하, 이렇게 살았구나!

- 세 번째 마당 – **좋은 논술 문장을 쓰려면**
  인류의 시작과 에덴동산

논술 집필
대표 집필_신현숙(한국언어사고개발원 부원장)
최윤지(한국언어사고개발원 연구원), 신운선(한우리독서문화운동본부 강사),
김은영(독서교육기관 강사), 김주희(평생교육원 독서논술 강사), 신혜금(평생교육원
논술, 독서치료 과정 강사), 인선주(한우리독서지도사, 한국독서지도연구회 연구원)

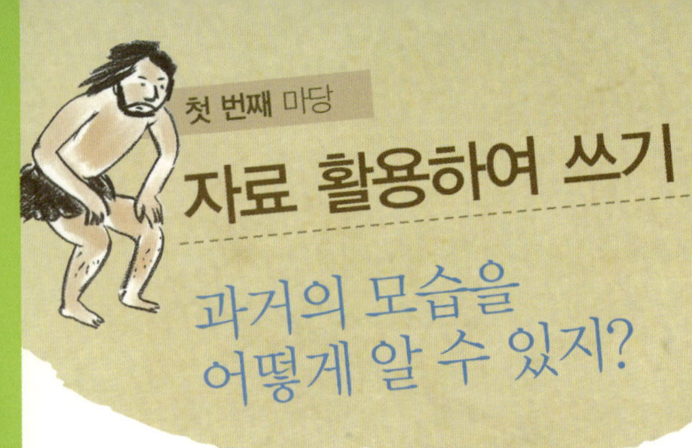

자료 활용하여 쓰기

과거의 모습을 어떻게 알 수 있지?

긴급 속보!!
구석기 시대 유적으로 추정되는 동굴 발견!

앵커 : 긴급 속보를 말씀드리겠습니다. 방금 평양시 상원군에서 서쪽으로 3km 떨어진 흑우리(검은모루) 마을 우물봉 남쪽 비탈에서 동굴이 발견되었다는 소식입니다. 현장에 나가 있는 스콜라 기자 연결해 보겠습니다. 스콜라 기자.

기자 : 네, 스콜라 기자입니다. 저는 지금 동굴 앞에 나와 있습니다.

앵커 : 그 동굴은 어떻게 발견이 되었나요?

기자 : 운동 삼아 등산을 하던 마을의 한 주민에 의해 발견되었다고 합니다. 평소와는 다른 길로 등산을 하다가 동굴 입구를 발견했다고 합니다.

앵커 : 어느 시대에 어떤 용도로 사용된 동굴인지 밝혀졌습니까?

기자 : 역사학자와 지질학자 등 전문가가 속속 도착하여 조사를 진행하고 있습니다. 연구 결과가 나와 봐야 알겠지만 공통된 의견은 우리나라의 구석기 시대를 알 수 있는 귀중한 유적이 될 것이란 사실입니다.

앵커 : 지금까지 발견된 사실들은 무엇이 있습니까?

기자 : 몇 가지가 있습니다. 지금부터 정리해 드리겠습니다.

첫째, 검은모루 동굴에서는 많은 석기와 함께 29가지나 되는 동물 화

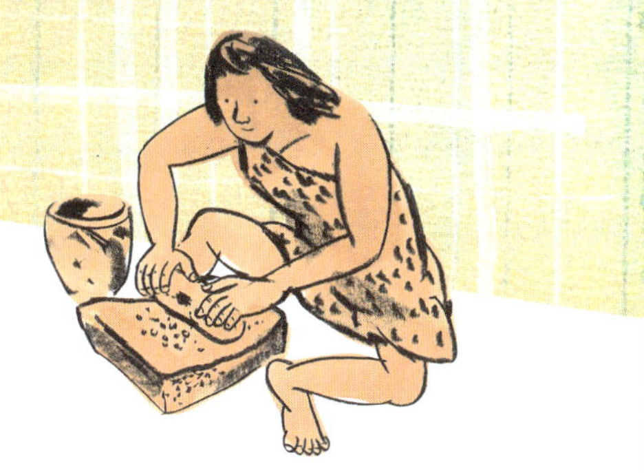

석이 나왔습니다.

둘째, 동물 화석에는 토끼나 쥐처럼 작은 짐승도 있지만, 덩치가 커다란 큰쌍코뿔소도 많았습니다. 검은모루 동굴에서 나온 큰쌍코뿔소 화석을 살펴보면 뿔은 두 개, 몸무게는 아프리카코뿔소와 비슷한 1.5톤 정도로 보입니다. 그러나 이 큰쌍코뿔소는 이미 수만 년 전에 멸종되었으며, 오늘날의 코뿔소와는 전혀 다른 종류입니다.

셋째, 습들쥐, 상원말처럼 이미 오래전에 멸종된 동물이 반이 넘었습니다.

넷째, 원숭이, 코끼리, 코뿔소, 물소, 멧돼지, 승냥이, 곰, 소, 말, 사슴 등의 동물 화석이 나왔습니다.

다섯째, 대부분 규질석회암으로 만든 석기가 나왔습니다. 그 가운데는 주먹도끼처럼 생긴 것도 있고, 사다리꼴이나 반달 모양으로 생긴 것도 있었습니다. 이상입니다.

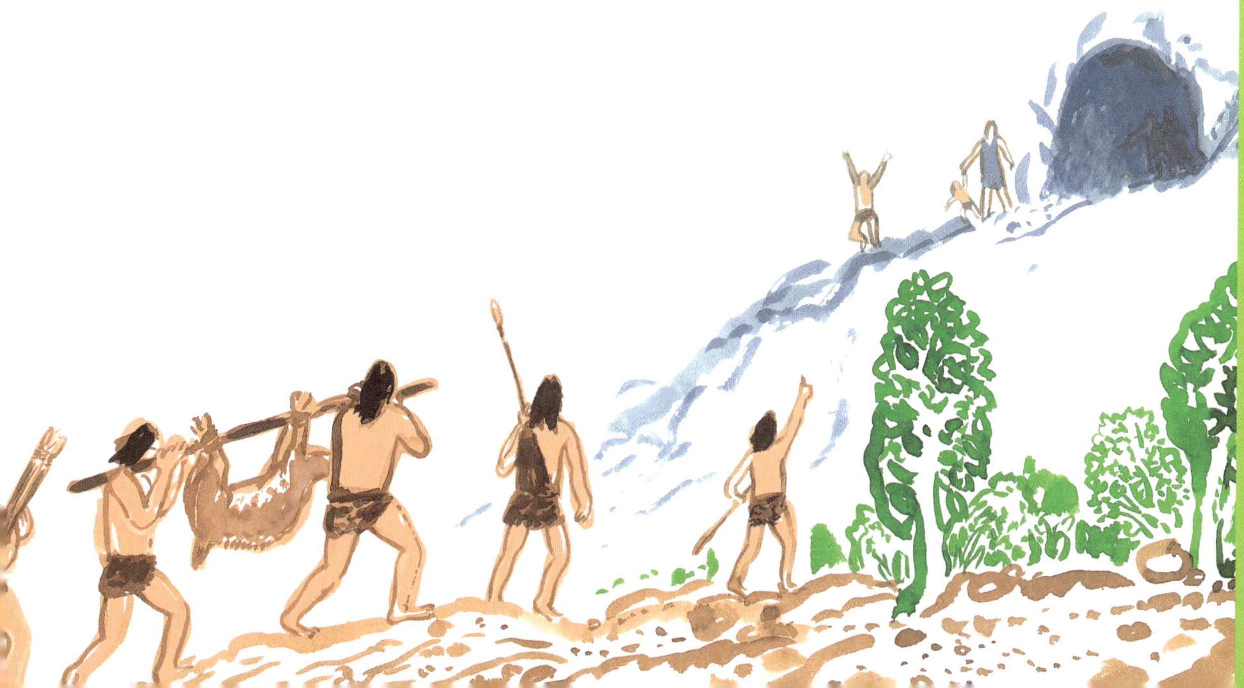

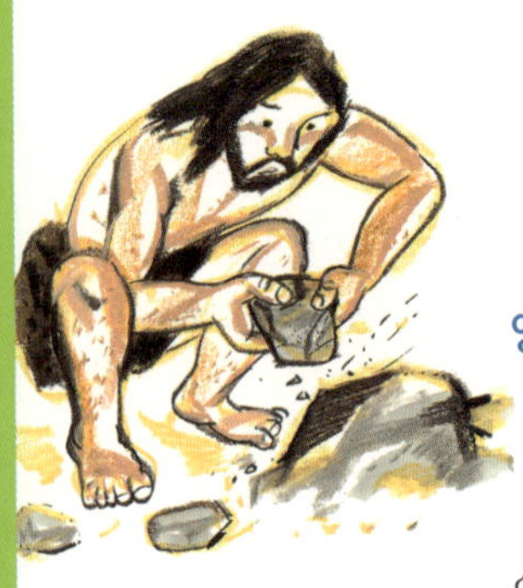

앵커 : 네, 이번 동굴의 발견을 통해 구석기 시대의 비밀이 벗겨지길 기대해 봅니다. 스콜라 기자 수고했습니다.

이 자료들은 우리 조상들의 생활 모습과 기타 여러 가지를 알게 해 주는 단서 가 됩니다. 그러니 이 동굴에서 발견된 것들이 얼마나 중요하겠습니까? 만약 이 런 자료들이 없다면 우리는 조상들의 생활을 짐작해 보기가 거의 불가능할 것 입니다.

자, 이제부터는 여러분이 역사학자가 되어 발굴된 자료를 바탕으로 해서 구 석기 시대의 생활상을 짐작하는 글을 써 보도록 하세요. 이처럼 추론하는 글을 쓸 때는 추론 근거가 타당한지를 잘 따져가며 써야 합니다. 아무런 논리적인 연 관성 없이 추론을 해 버리면 안되니까요.

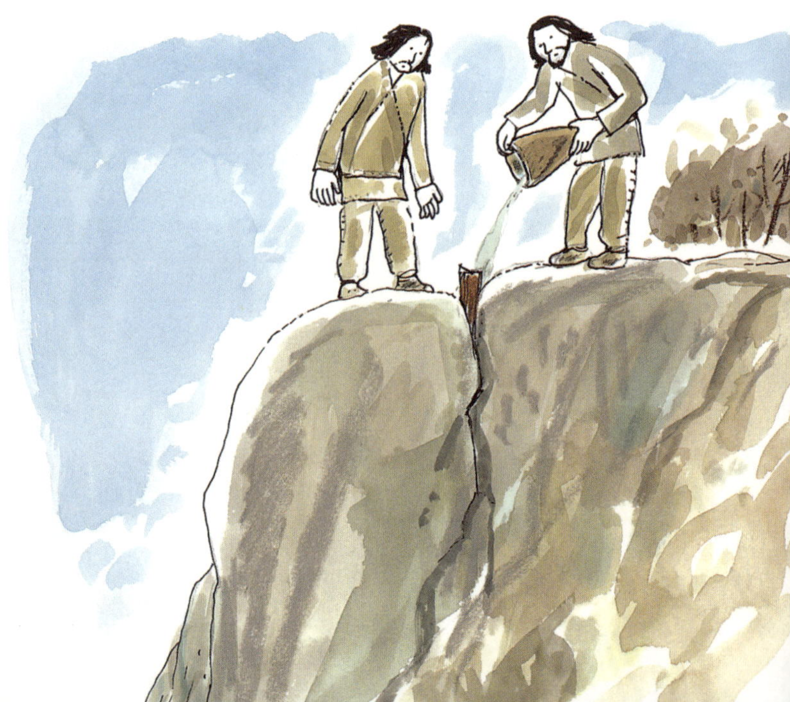

　동물 화석은 당시의 자연환경을 짐작할 수 있는 중요한 자료가 된다. 상원 검은 모루 동굴에서 발견된 동물 화석에는 토끼나 쥐처럼 작은 짐승도 있지만, 덩치가 커다란 큰쌍코뿔소도 많았다. 그러나 이 큰쌍코뿔소는 이미 수만 년 전에 멸종되었으며, 오늘날의 코뿔소와는 전혀 다른 종류로 밝혀졌다. 그 밖에도 습들쥐, 상원말처럼 이미 오래전에 멸종된 동물이 반이 넘었는데, 이는 당시에 살았던 동물들이 오늘날의 동물과는 전혀 다르다는 것을 말해 준다.

　또 원숭이, 코끼리, 코뿔소처럼 더운 지방에 사는 동물의 화석이 나오는 것은 그때의 기온이 지금보다 훨씬 높았다는 증거이다. 그리고 물이 많고 축축한 곳을 좋아하는 물소, 습들쥐 같은 동물의 화석이 나오는 것은 당시에는 비가 많이 내렸고 주변에 큰 강이 흐르고 있었음을 말해 준다.

　상원 검은모루 동굴의 동물 화석들은 옛날 이곳에 많은 짐승이 살고 있었음을 짐작케 한다. 멧돼지·승냥이·곰처럼 울창한 숲 속에 사는 동물, 소나 말처럼 들판이나 산자락에 사는 동물, 사슴처럼 숲 속이나 산언덕에 사는 동물도 있었다. 동물 화석을 통해 다양한 동물들이 모여 살았고, 그 동물들의 먹이가 되는 갖가지 식물도 있었음을 미루어 짐작할 수 있다.

　한편, 상원 검은모루 동굴에서 나온 석기는 사람이 지구상에 나타나기 시작한 오랜 옛날부터 한반도에도 사람이 살았음을 보여 주는 소중한 유적이다.

　어떤가요? 주어진 자료를 보고 추론을 해 보니 구석기 시대의 생활상을 조금이나마 엿볼 수 있었지요? 계속해서 다음 자료를 보고 구석기 시대의 장례 풍습에 대해 추론해 볼까요?

두루봉 유적의 흥수굴!!
구석기 시대의 장례 풍습을 알려 주는 유적 '흥수 아이'

- **단서 1** 이 아이는 머리뼈가 좁고 길며, 몸에 비해 머리뼈가 크고, 두뇌 용량은 1,200~1,300cc, 키는 110~120cm 정도였다.
- **단서 2** 다리는 안짱다리처럼 안으로 굽어 있었다.
- **단서 3** 1983년에 발굴될 때 흥수 아이는 평평한 석회암 바위 위에 누워 있었다. 시체를 반듯하게 누이고 그 위에 고운 흙을 뿌린 것이 확인되었다.
- **단서 4** 유골 곁에서 여러 가지 꽃가루가 발견되었다. 꽃가루 중에는 국화 꽃가루가 가장 많았다.
- **단서 5** 동굴 입구에서는 진달래 꽃가루도 많이 발견되었다.

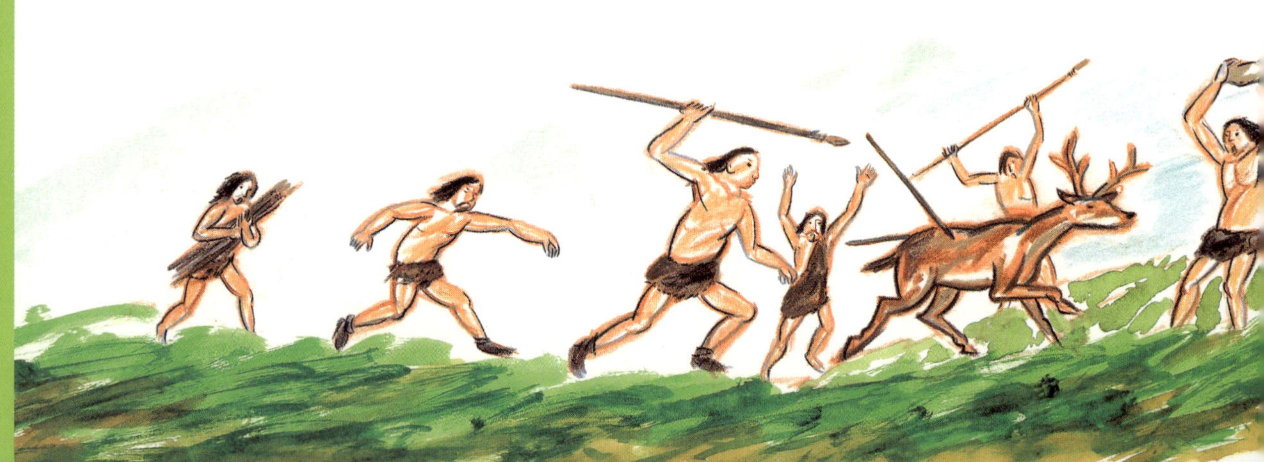

자, 앞에서 연습한 것을 떠올리며 글쓰기를 해 보세요. 자료를 잘 활용하면 구석기 시대의 장례 풍습에 대해 멋진 글을 쓸 수 있을 것입니다.

두루봉 유적의 흥수굴은 구석기 시대의 장례 풍습을 알려 주는 유적이다. 흥수 아이의 머리뼈는 슬기 슬기 사람과 현대인의 특징을 함께 지닌 것으로 추정된다. 신체의 크기를 보았을 때 흥수 아이는 5살 전후의 아이로 추정된다.

시체를 반듯하게 누이고 그 위에 고운 흙을 뿌린 것이 확인되었는데, 이는 시체를 함부로 다루지 않고, 고이 장례를 치러 주었음을 나타내는 것이다. 유골 곁에서 여러 가지 꽃가루가 발견되었다는 점에서 구석기 시대 사람들은 죽은 사람에게 꽃을 바칠 정도로 아름다움을 알았던 사람들이라 여겨진다.

국화꽃으로 시체를 장식했으리라는 짐작도 가능하다. 동굴 주변은 국화가 자라기엔 알맞은 환경이 아니므로 다른 곳에서 일부러 꺾어 왔을 것이며, 아이도 국화꽃이 피는 가을철에 죽었을 것으로 짐작된다. 또 동굴 입구에서는 진달래 꽃가루도 많이 발견되었다. 진달래 역시 이곳에서는 자라기 힘든 식물이므로 아마도 다른 곳에서 꺾어 왔을 것이다.

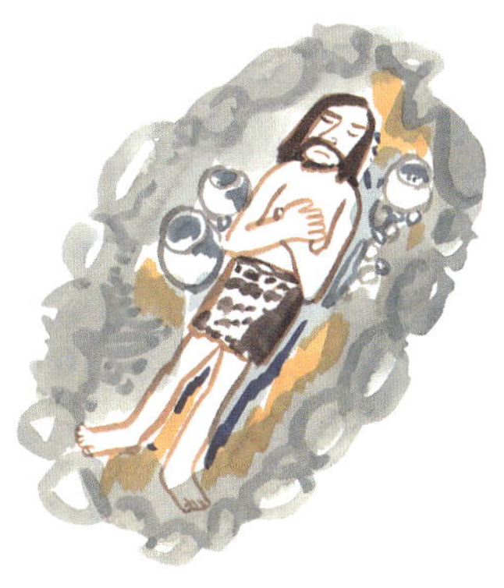

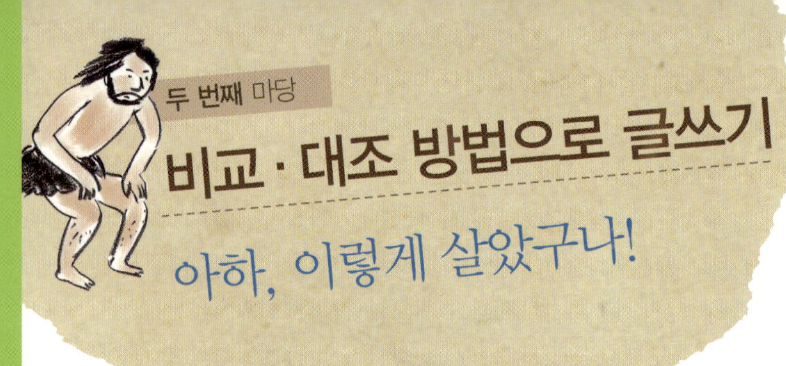

비교·대조 방법으로 글쓰기

아하, 이렇게 살았구나!

책을 잘 읽었나요? 아주 먼 옛날 사람들의 생활을 엿보니 어떤 생각이 드나요? 내가 만약 그 시대에 살았다면 어땠을까? 혹은 그 시대 사람들이 지금의 세상을 보면 어떤 반응을 보일까? 등을 상상하며 읽으면 책 읽기가 더 즐거울 수 있겠지요?

지금 우리가 살아가는 시대는 어느 날 갑자기 만들어진 것은 아닙니다. 대략 200만 년 전부터 인류는 발전과 변화를 거듭하며 지금의 모습을 이룬 것입니다.

다음은 구석기 시대, 신석기 시대, 청동기 시대에 관한 내용을 간략하게 표로 정리한 것입니다. 표를 보며 읽은 내용을 다시 떠올려 보세요.

그런 다음 비교와 대조의 방법으로 논술을 해 볼 거예요. 비교와 대조의 방법은 자신의 주장을 논증하거나 자신이 알고 있는 것을 설명하기 위해 자주 사용하는 방법이지요. 주로 비교와 대조는 둘이나 둘보다 많은 제재를 설명하거나 논증할 때 사용한답니다. 비교는 비슷한 점을, 대조는 다른 점을 설명하거나 논증하지요. 이럴 때에 비교나 대조는 서로 같은 요소끼리 비교하거나 대조해야 한다는 점을 잘 기억해야 합니다.

	특징	유물
구석기 시대	· 돌을 깨뜨리거나 떼내어 만든 뗀석기 사용 · 열매를 따거나 사냥을 함 · 동굴 생활, 무리 생활 · 불 이용	· 뗀석기 · 벽화(동물을 잘 잡게 해달라는 의미)
신석기 시대	· 돌을 갈아 만든 간석기 사용 · 농사, 사냥, 고기잡이 · 식량 저장, 움집 생활	· 간석기 · 빗살무늬 토기 · 움집 터
청동기 시대	· 구리에 주석이나 아연 섞은 청동기 사용 · 작은 마을, 가족 이룸 · 지배와 피지배 계층 생김 · 무덤	· 비파형 청동검과 거울 · 민무늬 토기 · 반달 돌칼 · 고인돌

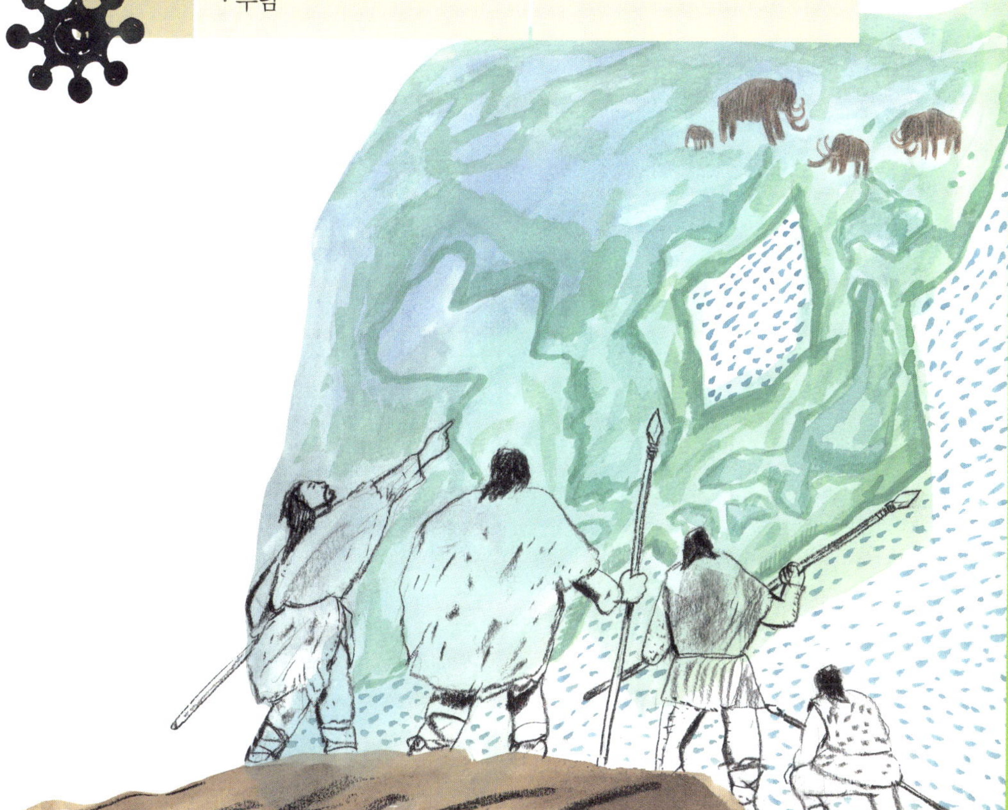

각 시대의 특징이 정리가 되었나요? 물론 더 자세한 내용은 책을 보면 알 수 있어요. 그럼 정리된 내용을 바탕으로 비교와 대조의 방법으로 논술을 해 봅시다.

> 신석기 시대의 빗살무늬 토기는 흙으로 빚어 곡식이나 음식을 저장하고, 담는 데 사용했다는 점이 지금의 그릇과 공통점이지. 이것이 비교야.

> 그러나 지금의 그릇은 빗살무늬 토기에 비해 재질도 더 단단하며, 저장 용도나 사용 목적에 따라 종류도 다양하지. 이것이 대조야.

글 쓰는 이가 알고 있는 사실이나 읽는 이들이 알고 있을 만한 것들 가운데 비교와 대조가 가능한 부분을 대비시켜 글을 전개하면 보다 설득적인 글을 쓸 수 있답니다.

논술 문제 1 〈표 1〉을 보고 각 시대의 유물을 비교·대조하는 방법으로 논술하시오. (띄어쓰기 포함 350자 내외)

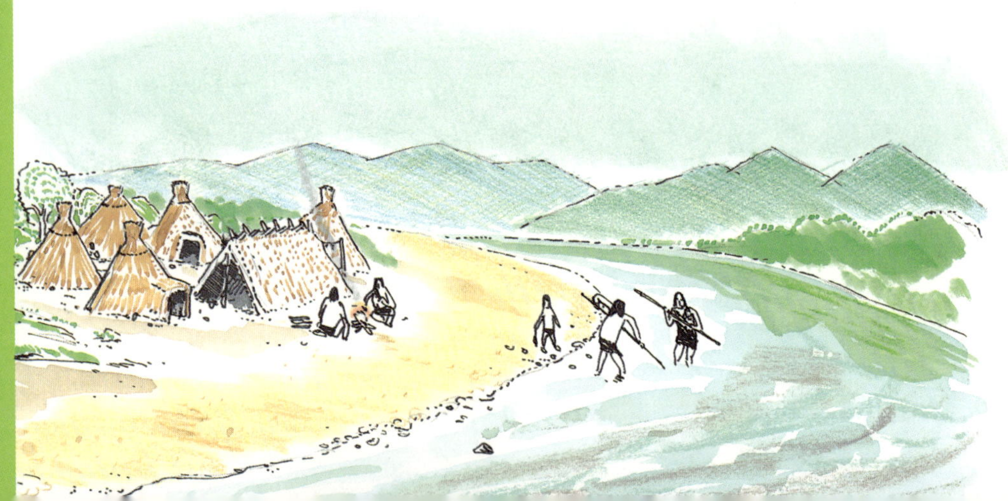

　구석기, 신석기 시대 도구의 공통점은 돌로 만들었다는 점이다. 뗀석기나 간석기를 이용하여 농사일 등을 위한 도구를 만들었다. 청동기 시대에도 돌을 더 정교하게 만든 반달 돌칼이 있었지만, 청동기 시대에는 구리에 주석이나 아연을 섞은 청동기로 도구를 만들었다. 비파형 청동검이나 거울 등이 그 예이다. 각 시대에 만든 도구는 주로 사냥을 하거나 농사일을 하는 데 사용되었다. 구석기 시대에 발견된 동물 벽화는 사냥을 잘하게 해달라는 소망을 그린 것이 대부분이다. 구석기 시대와 달리 신석기, 청동기 시대에는 토기를 만들어 사용하기도 했다. 빗살무늬 토기와 민무늬 토기는 당시 사람들이 음식을 저장했음을 알 수 있게 한다.

논술 문제 2 〈표 1〉을 바탕으로 청동기 시대가 계급 사회가 될 수밖에 없었던 이유를 논술하시오. (띄어쓰기 포함 200자 내외)

　청동기 시대에는 사람들이 마을을 이루어 농사를 짓기 시작하면서 잉여생산물이 생기게 되었다. 그러자 사유 재산이 생겨났고, 재산에 따라 부자와 가난한 자의 차이가 생겼다. 청동검 등 무기가 많이 발견된 것으로 보아 부족 간에 싸움이 빈번했다는 것을 알 수 있다. 그 결과 강자와 약자가 생겨나 자연스럽게 계급사회가 되었다. 고인돌은 그 당시 족장의 무덤으로 추정된다.

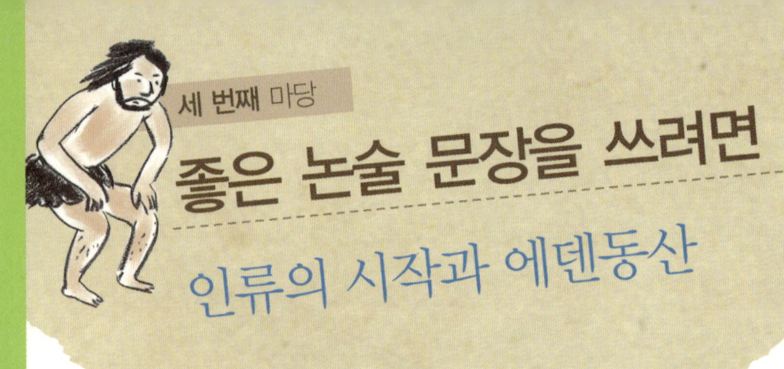

좋은 논술 문장을 쓰려면

인류의 시작과 에덴동산

인류의 조상이 누구인지는 항상 논란거리가 되었습니다. 다음의 두 글을 읽고 자신의 생각을 써 봅시다.

자료 1 원숭이인가, 인류의 조상인가?

인류의 조상에 대해서는 여러 가지 학설이 있다. 하지만 많은 학자가 300~400만 년쯤 전에 아프리카 대륙에 살았던 오스트랄로피테쿠스(남쪽 원숭이라는 뜻)를 인류의 맨 처음 조상으로 꼽는다.

에티오피아에서 발견된 오스트랄로피테쿠스 화석은 '루시'라고도 불리는데, 오늘날의 인류와는 키, 몸무게, 생김새, 뇌의 무게 등에서 큰 차이를 보인다. 그러나 두 팔을 썼고, 등뼈가 에스(S)자 모양으로 굽긴 했지만 서서 걸어다녔다고 한다.

그 뒤를 이어 100만 년쯤 전에는 곧선 사람(호모 에렉투스)이 따뜻한 남쪽을 떠나 북쪽으로 이동했다. 그들은 오스트랄로피테쿠스보다 뇌의 무게도 늘어났을 뿐만 아니라 똑바로 서서 걸을 수 있었다. 이때부터 세계 곳곳에 퍼져·살기 시작한 인류는 10만 년쯤 전에는 슬기 사람(호모 사피엔스)의 모습으로 나타났다.

. 오늘날과 같은 생김새와 지능을 갖춘 인류가 등장한 것은 3만~4만 년쯤 전이다. 슬기 슬기 사람(호모 사피엔스 사피엔스)이라고 불린 이들이 지금 인류의

직접 조상이며, 이때부터 황인종, 백인종, 흑인종 등 인종에 따른 특징이 나타
나기 시작했다.

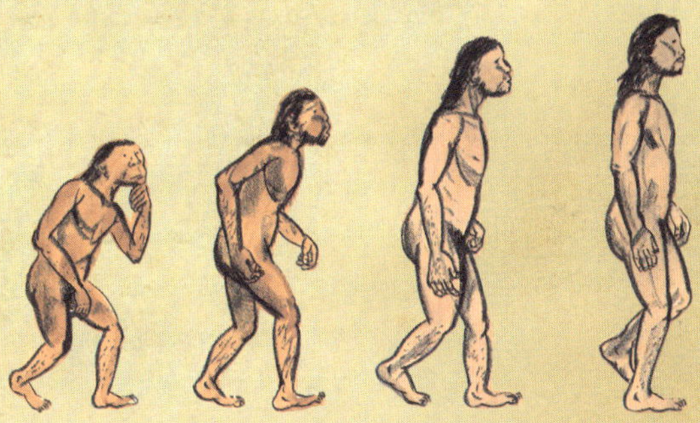

자료 2 에덴동산의 주인이 진짜 주인?

　에덴에 살았던 사람은 인류의 시조인 아담과 하와이다.

　"하나님이 자기 형상 곧 하나님의 형상대로 사람을 창조하시되 남자와 여자
를 창조하시고" (창세기 1:27).

　사도행전 17장 26절에서도 "인류의 모든 족속을 한 혈통으로 만드사 온 땅
에 거하게 하시고" 라고 하심으로 인류의 모든 족속이 한 혈통에서 유래했음을
밝히고 있다.

　지금 세계 인구는 60억에 이른다. 과거를 더 거슬러 올라가면 결국 최초의
두 사람이 나오게 될 것이다.

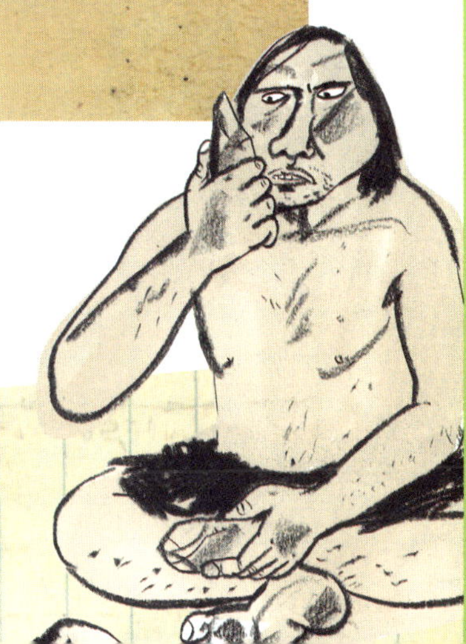

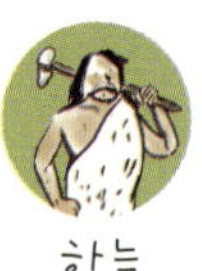

하늘

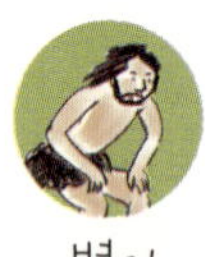

별이

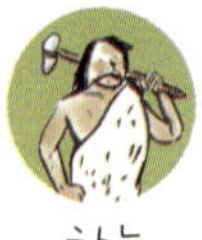

하늘

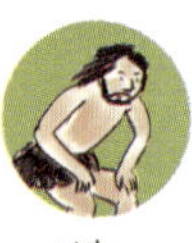

별이

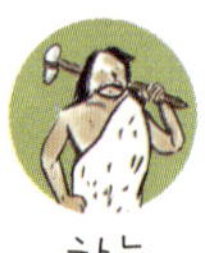

하늘

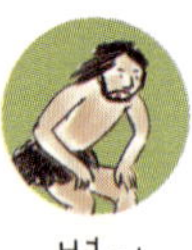

별이

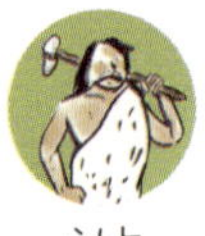

하늘

여러분은 누구의 의견이 옳다고 생각하나요? 옳다고 생각하는 의견에 대해 그 이유를 밝혀 보세요. 그리고 옳지 않다고 생각하는 의견은 어떤 이유에서 그러한지 자신의 생각을 써 보세요.

자신의 생각을 쓸 때는 문장을 제대로 쓰려고 노력해야 합니다. 논술의 기초는 좋은 문장 쓰기이기 때문이지요. 문장이 어색하거나 정확하지 않으면 자신의 생각을 제대로 드러낼 수 없답니다.

아래 친구들의 이야기 중에서 잘못된 것을 찾아보세요.

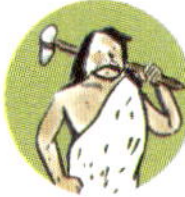

논술 문장은 단호하게 써야 해. '~인 것 같다, ~라고 생각한다' 등의 표현은 자신감 없는 표현이야. 그보다는 '~이다' 로 써야 주장이 확실해지지.

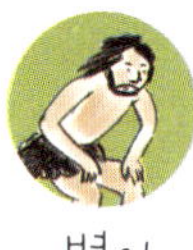

자신의 주장을 강조하기 위해 감탄형이나 말줄임표등을 적절히 사용하면 좋아. 문장부호도 글자라고!

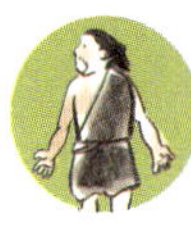

문장은 간결하고 객관적인 표현을 해야 좋은 논술 문장이 돼. 문장을 너무 길게 쓰게 되면 주어와 서술어 호응도 어렵게 되지.

누구의 의견이 잘못되었나요? 혹시 하늘이나 준희의 의견이라고 생각하는 것은 아니겠지요? 당연히 별이의 의견이 잘못 되었다고요? 맞아요!

별이의 의견은 문학적인 글을 쓸 때는 효과적으로 사용할 수 있는 방법이지만 논술을 할 때는 피해야 하는 방법이에요. 논술을 할 때는 문장을 정확하게 써야 해요.

첫째, 감탄형이나 말줄임표는 평서형 표현으로 바꾸어야 합니다.

- 정말로 놀랍지 않은가? ▷ 놀랍다. 놀라운 일이다.
- 인류의 조상이 300~400만 년 전부터 살았다니…….
  ▷ 인류의 조상은 300~400만 년 전부터 살았다.

둘째, 강조하기 위한 도치형 문장도 논술에는 적합하지 않아요.

- 300~400만 년쯤의 일이다. 인류의 조상이 나타나기 시작한 것은.
  ▷ 인류의 조상이 나타나기 시작한 것은 300~400만 년 전쯤의 일이다.

셋째, 논술 문장은 단호하게 써야 해요.

- 여러 가지 과학적인 증거를 보았을 때 인류는 신이 창조했다기보다는 진화한 것 같다.
  ▷ 여러 가지 과학적인 증거를 보았을 때 인류는 신이 창조했다기보다는 진화했다.

자, 이제부터 논술을 할 때는 문장부터 잘 쓰겠다는 생각으로 도전해 보세요. 그렇게 하면 문장들이 모여서 되는 단락도 좋아지고, 또 단락이 모여서 되는 글도 더욱 좋아질 수 있답니다.

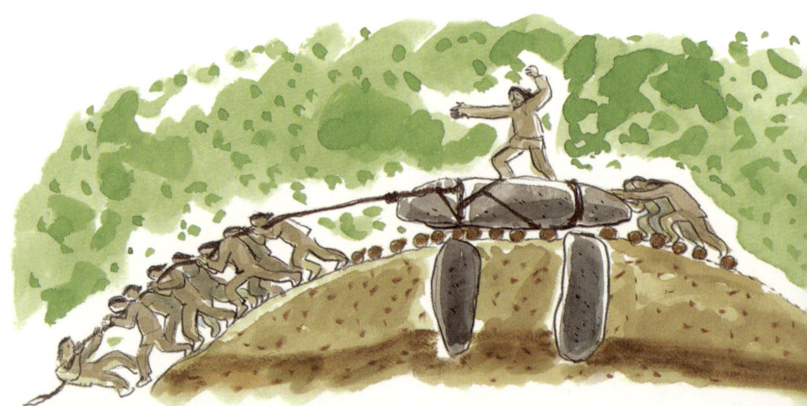

	물리	화학	수학
기초 (상)	세상에서 가장 큰 것과 작은 것 토끼와 거북 중 누가 더 빠를까? 힘의 과학 속으로 춤추는 운동의 마술 일과 에너지의 관계 롤러코스터의 역학적 에너지 파동 이야기	세상은 온통 화학투성이 열 받으면 변하는 물질의 상태 기체와 보일–샤를의 법칙 물에 녹인 설탕은 왜 보이지 않을까 설탕물은 혼합물일까, 화합물일까 석유에서 휘발유가 만들어지는 과정 빨래가 마르고, 냄새가 퍼지는 이유	위대한 발견, 숫자 ‘0’ 빛×빛=이익? 음수의 이상한 계산법 모임을 잘 만들면 수학이 쉬워진다 친구의 생일을 알아내는 방정식 마술 우주선은 정비례, 잠수함은 반비례 사다리 타기는 왜 겹쳐 나오지 않을까 한국이 16강에 올라갈 수 있는 확률
기초 (하)	빛은 입자일까 파동일까 눈에 보이는 빛, 보이지 않는 빛 플러스와 마이너스로 이루어진 세상 맥스웰과 헤르츠 전압, 저항, 전류의 삼각 관계 N극과 S극은 따로 분리될까 지구 자기장	알갱이로 이루어진 세상 알쏭달쏭한 원소와 원자의 세계 물질의 특성을 지닌 최소 단위인 분자 결합을 이해하면 화학이 보인다 물, 흔한 것에 담겨진 희귀함 산과 염기, 만나면 착해지는 서로의 반쪽 달갑지 않은 손님, 산성비	우주인에게 자랑할 만한 피타고라스의 정리 벌은 왜 육각형 구조의 집을 지을까 네모난 피자의 문제 나스카의 비밀, 합동과 닮음꼴 테세우스의 미로 찾기에 담긴 수학 원과 접선, 돌팔매의 비밀 갈릴레오의 진자와 삼각함수
응용	도플러 효과 순식간에 모두 빨아들이는 블랙홀 톰슨 가문의 전자 이야기 또 하나의 신기한 별, 인공위성 핵반응과 원자로 빛을 이용한 진단 장비들 드브로이의 물질파 이야기	반응 속도를 마음대로 조정한다 반응에는 열이 따라 다닌다 산소의 만남과 이별 이야기, 산화와 환원 전기 분해와 도금 공기도 분리해서 이용할 수 있다 물과 기름을 섞어 주는 비누와 합성 세제 물질에서 전기를 얻어 내는 화학 전지	나와 같은 생일을 가진 사람을 만날 가능성 맨홀 뚜껑이 동그란 이유 보온병의 모양은 수학이 결정한다 빵집 아저씨는 왜 덤을 얹어 주었을까 두루마리 화장지의 수학 흡혈귀는 수학을 몰라 멸종했다 한 솥의 스프를 다 먹어볼 필요는 없다
과학사	갈릴레이와 근대 물리학의 탄생 거인들의 어깨에 선 뉴턴 케플러의 행성 궤도의 법칙 맥스웰의 전자기학 전기 문명의 시대를 연 패러데이 빛으로 세상을 바꾼 아인슈타인 플랑크의 양자가설	신으로부터 부정당한 원자론 아랍에서 꽃피운 연금술 새로운 원소의 발견 꿈틀대는 원자론 라부아지에 플로지스톤의 벽을 넘다 돌턴의 원자, 아보가드로의 분자 원소 주기율을 발견한 멘델레예프 신소재 플라스틱의 시대가 열리다	고대 그리스 수학자들과 기하학의 발전 그리스에서 르네상스 시대로 이어진 방정식 기하학을 다시 세운 데카르트 정수론을 발전시킨 페르마 미분과 적분은 누가 먼저 만들었을까 동양에서 발달한 수학은 어떤 모습이었을까 주판에서 컴퓨터로 이어진 수학
첨단	대칭성과 보존 법칙 양자 터널링 효과의 세상 자기 닮음과 프랙탈 대폭발의 증거들 디지털과 인공 지능 3차원으로 기록하는 홀로그래피 생명과 자기장	나노의 세계에선 금이 빨갛다 핵스핀을 이용한 자기 공명 영상 장치 무슨 모양이든 만들 수 있는 플라스틱 제5의 물질 상태 플라즈마 금속이 진화한다. 합금의 세계 미래를 책임질 대체 에너지 기능성 신소재 이야기	루빅스 큐브에 숨겨진 첨단 수학 이론 수학적 논리를 이용한 튜링머신 이야기 절대 지지 않는 게임 이론 하나를 알면 열을 안다, 프랙탈 금융 시장을 놀라게 한 블랙 · 숄스 방정식 공간과 차원의 세계 영화 속 첨단 수학 이야기